预制装配式剪力墙结构连接关键技术

张壮南　王春刚　柳旭东　著

化学工业出版社

·北京·

内容简介

《预制装配式剪力墙结构连接关键技术》以解决实际工程应用中的技术难题为目标，对预制装配式混凝土剪力墙结构接缝连接和整体抗震性能进行了研究，系统地介绍了作者近年来在预制装配式剪力墙结构连接关键技术方面取得的研究成果，主要包括带水平缝预制装配式剪力墙、带竖向缝预制装配式剪力墙及带竖向和水平缝预制装配式剪力墙的抗震性能 3 方面的研究成果。

本书内容翔实、系统性强，并具有一定的理论性和实用性，可供土木工程专业的科研人员和工程技术人员阅读，还可供高等院校土木工程相关专业高年级本科生、研究生、教师参考。

图书在版编目（CIP）数据

预制装配式剪力墙结构连接关键技术/张壮南，王春刚，柳旭东著. —北京：化学工业出版社，2020.10
ISBN 978-7-122-37836-1

Ⅰ.①预…　Ⅱ.①张…　②王…　③柳…　Ⅲ.①装配式构件-剪力墙结构-工程施工-施工技术　Ⅳ.①TU398

中国版本图书馆 CIP 数据核字（2020）第 190222 号

责任编辑：满悦芝　　　　　　　　　　　　　文字编辑：刘厚鹏　陈小滔
责任校对：李　爽　　　　　　　　　　　　　装帧设计：张　辉

出版发行：化学工业出版社（北京市东城区青年湖南街 13 号　邮政编码 100011）
印　　装：北京七彩京通数码快印有限公司
710mm×1000mm　1/16　印张 10¾　字数 190 千字　2020 年 10 月北京第 1 版第 1 次印刷

购书咨询：010-64518888　　　　　　　　　　售后服务：010-64518899
网　　址：http://www.cip.com.cn
凡购买本书，如有缺损质量问题，本社销售中心负责调换。

定　　价：68.00 元　　　　　　　　　　　　　　　　　版权所有　违者必究

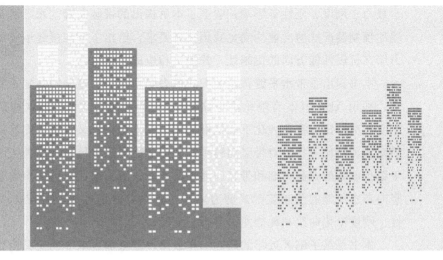

前言

　　装配式住宅建筑具有节能环保、工程质量好、施工周期短、工业化程度高等诸多优点，符合我国国民经济可持续发展的要求，也符合我国大力提倡走循环经济之路的要求。研究开发装配式住宅体系，对房屋由低水平的传统建造方式转变为现代化、工业化的制造方式，提升建筑业的整体发展水平，提高住宅建设的科技含量，促进住宅产业化的不断发展，促进建筑业循环经济的良性循环，转变经济发展方式，调整和优化产业结构，建立中国特色的住宅建设和消费模式，均具有深远的意义。其中预制装配式剪力墙结构具有较大的结构刚度、很好的承载能力和灵活的空间布置的特点，是中高层应用较多的形式之一，而预制装配式剪力墙结构中存在较多的水平缝、竖向缝和节点，这些接缝和节点的受力性能直接影响结构的整体抗震性能。

　　本书提出了带竖向缝、水平缝及竖向和水平缝同时存在的预制装配式剪力墙新型连接设计方案。针对新型连接构造中钢筋的锚固性能进行了试验研究，确定了可以保证墙体连接可靠性的钢筋搭接长度限值。随后对带水平缝预制装配式剪力墙的结合面抗剪性能进行了试验，得到最不利结合面的破坏模式、承载力和荷载-滑移曲线，采用有限元软件 ABAQUS 分析了不同混凝土强度等级对预制装配式剪力墙结合面抗剪性能的影响，提出了预制装配式墙体结合面的工程设计建议。

　　本书简要介绍了带竖向缝、水平缝及带竖向和水平缝预制装配式剪力墙的构件设计和制作过程；详细说明了拟静力加载试验方案、试验过程和试验结果；分析了主要参数对不同接缝形式下预制装配式剪力墙的破坏过程、破坏特征、滞回性能、承载力、刚度、延性等影响；验证了本书提出的带竖向缝、水平缝及带竖向和水平缝的预制装配式剪力墙均满足我国抗震要求，给出了不同接缝形式的预制装配式剪力墙在抗震性能方面的优越性，并提出相应的构造设计。

本书提出了带水平缝预制装配式剪力墙和带竖向缝预制装配式剪力墙的优化方案；利用 ABAQUS 有限元软件对带水平缝预制装配式剪力墙在插筋长度、后浇带厚度和剪跨比等参数变化下的抗震性能进行了分析；又对墙体配筋率、后浇部分配筋率和剪跨比等参数对带竖向缝预制装配式剪力墙的抗震性能进行了研究；将带水平缝预制装配式剪力墙和带竖向缝预制装配式剪力墙优化后的参数应用于同时具有竖向和水平缝的预制装配式剪力墙中，并对其滞回曲线、骨架曲线、承载力、延性、刚度退化曲线和耗能能力进行了分析。

本书总结了笔者近年的研究工作成果，注重前后章节的逻辑性和连贯性，力求将研究方法和研究内容讲解清晰明了，便于读者阅读和理解。全书共分 10 章，系统介绍了带水平缝预制装配式剪力墙、带竖向缝预制装配式剪力墙及带竖向和水平缝预制装配式剪力墙的抗震性能 3 方面的研究成果。第 1 章详细介绍了国内外关于装配式建筑、带水平缝预制装配式剪力墙、带竖向缝预制装配式剪力墙及带竖向和水平缝预制装配式剪力墙的研究进展，提出了带不同缝的预制装配式剪力墙新型连接设计，介绍了本书的研究内容。第 2 章对新型连接构造中钢筋的锚固性能和预制装配式剪力墙结合面的抗剪性能进行了试验研究。第 3 章基于 ABAQUS 软件对不同混凝土强度等级的预制装配式剪力墙结合面的抗剪性能进行了数值模拟。第 4 章对带水平缝预制装配式剪力墙抗震性能进行了试验研究。第 5 章对带竖向缝预制装配式剪力墙抗震性能进行了试验研究。第 6 章对带竖向和水平缝预制装配式剪力墙抗震性能进行了试验研究。第 7 章利用有限元软件对带水平缝、带竖向缝及带竖向和水平缝预制装配式剪力墙进行模型验证。第 8 章通过有限元软件分析插筋长度、后浇带厚度、剪跨比对带水平缝预制装配式剪力墙抗震性能的影响。第 9 章通过有限元软件分析墙体配箍率、后浇部分配筋率、剪跨比对带竖向缝预制装配式剪力墙抗震性能的影响。第 10 章利用有限元软件对带水平缝预制装配式剪力墙和带竖向缝预制装配式剪力墙优化后的参数应用于带竖向和水平缝预制装配式剪力墙进行抗震分析。

本书的研究项目是在中国航天建设集团科研项目、沈阳市科技局项目的资助下完成的，在编写过程中参考了已公开发表的文献资料和相关书籍的部分内容，并得到了许多专家和朋友的帮助，在此表示衷心感谢。尤其感谢中国航天建设集团有限公司王东辉先生在研究过程中的大力支持。

本书是课题组对预制装配式剪力墙结构连接关键技术、接缝设计、抗震性能研究工作的总结。在课题研究中，研究生翟宇、张岩、曹茜茜、李杰、李姗珊完成试验和参数分析工作，李禹东、于澜、王楠、高琪、杨振宇、王奕月协助作者完成大量数据处理及分析工作，李姗珊参与本书的文字修改工作，他们均对本书的完成做出了重要贡献。笔者在此对他们的辛勤劳动和对本书面世所作的贡献表示诚挚的谢意。

　　由于本书在诸多方面作了改革和探索，同时限于笔者水平，书中难免存在不足之处，恳请广大读者批评指正！

著　者

2020 年 9 月

目录

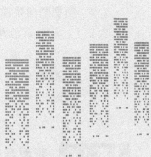

第3章　新型竖向浆锚连接抗剪性能有限元分析

第4章　带水平缝预制装配式剪力墙抗震性能试验

第5章　带竖向缝预制装配式剪力墙抗震性能试验

第6章　带竖向和水平缝预制装配式剪力墙抗震性能试验

第7章　新型预制装配式剪力墙的非线性有限元分析

第8章 带水平缝预制装配式剪力墙有限元参数分析

第9章 带竖向缝预制装配式剪力墙有限元参数分析

第 10 章 带水平与竖向缝预制装配式剪力墙有限元参数分析

参考文献

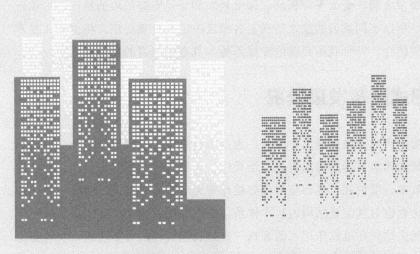

第1章　绪　论

　　为建设资源节约型、环境友好型社会，传统高污染、高能耗的手工作坊式建造方式已经不能满足建筑产业发展的要求，环保节能的工厂化、标准化建造方式成为发展的必然趋势。装配式建筑是未来建筑产业现代化发展升级的关键技术途径。

　　装配式建筑由于其带来巨大的经济效益和结构效率而被大众广泛关注。研究表明，采用装配式构件代替现浇构件或采用全装配式建筑可以有效地缩短建设周期，并可大幅度节省混凝土材料、钢材等建筑耗材。另一方面，采用装配式建筑具有一定的技术优势。建筑构件采用工厂化生产，不仅可以减少建筑工业材料的损耗，而且对于材料性能和构件尺寸具有一定的保证，可以有效地提高工程质量。此外，采用装配式建筑对于保护环境有重大作用。据相关数据统计，北京市建筑工地产生的扬尘占北京扬尘污染的16％，是造成北京环境污染严重的主要因素之一。装配式建筑采用工厂化生产，可以有效降低建筑施工造成的扬尘污染，对环境保护具有重要意义。因此装配式建筑是我国建筑工业走向绿色、节能、高效的必由之路。

　　高层建筑中，剪力墙结构被广泛应用。剪力墙又称为结构墙，这种墙体不仅可以承担竖向荷载，而且可以有效抵抗风荷载和水平地震作用。另一方面，剪力墙结构可以有效地划分空间，具有良好的建筑功能和使用功能。

　　随着建筑技术的提高和经济的发展，我国对建筑行业的要求越来越高。采用标准化、工业化生产方式是我国追求的目标。我国位于世界两大地震带即环太平洋地

1

震带和欧亚地震带之间，受太平洋板块、印度板块和菲律宾海板块的挤压，地震断裂带十分活跃，所以不同类型的建筑需满足各地区一定的抗震要求。将装配式技术和剪力墙结构相结合，符合我国目前的发展趋势，具有相当高的实际意义。

1.1 装配式建筑发展概况

近几年，房地产行业增长速度十分快，为提高建筑施工效率，增加自身的竞争优势，预制装配式建筑在国内再次引起广泛关注。与传统现浇混凝土相比，预制装配式剪力墙高效率、低消耗、低污染的优势被政府大力支持和推广，国内一些建筑研究所和建筑企业也对装配式结构的技术体系、制造工艺、构件产品质量等展开了深入研究。装配式结构在地震作用下的表现一直是我们关注的重要问题，我国是地震频发的国家，据相关数据表明，自 1900 年至 20 世纪末，我国已发生 4 级以上地震 3800 余次，在地震中丧生的人数达 55 万之多。在地震作用下的装配式建筑结构各连接处是薄弱区，也是整体结构倒塌的主要原因，故建筑结构中连接处安全性和可靠性是整体结构的抗震性能的保证。在装配式结构中，预制装配式剪力墙结构是不可或缺的部分，对预制装配式剪力墙结构连接处以及整体剪力墙结构的抗震性能研究具有重要的实际意义。

1.1.1 国外发展背景

欧洲是预制建筑的发源地[1]，国外预制混凝土构件与钢筋混凝土基本同时开始，但是真正意义上的实质性发展是在二战之后[2]。第二次世界大战之后，大量的难民涌入城市中，世界各国为了快速地解决人们居住问题，开始着力于推广和研发预制混凝土建筑。由于预制混凝土结构高效率、高品质和低消耗的特点，其在德国、美国、法国、英国等国家快速发展。

1845 年，德国生产出的人造石楼梯标志着世界上第一个预制混凝土构件产生[3]。早在 1910 年，德国建筑师格罗皮乌斯就提出了关于装配式建筑概念设想，对标准化住宅单元的设计条件做出了详细的阐述，他主持设计的包豪斯校舍对现代住宅建筑的设计有着深远的影响和作用（图 1.1）。20 世纪 90 年代之前，德国装配式建筑多采用的是混凝土大板结构，最早应用是在柏林的战争伤残军人住宅区即施普朗曼居住区（图 1.2），二战后一段时期，这些大板结构有效地解决了当年的住房需求问题。90 年代之后，随着人们对住房环境要求的不断提高以及寻找更经济、个性的住宅建筑，大板式结构已不再使用。当今，德国作为世界上建筑能源耗费降低幅度最大的国家之一，大力推行发展零消耗的被动式建筑。无论是节能还是被动式建筑，德国都通过装配式建筑来实施。目前，德国装配式建筑已经有成熟体系、主要包括 DIN 体系、AB 与 RAP 技术体系、BIM 技术体系、DGNB 评估体系等，通过对一系列建筑体系优化，从而能更高效地发展装配式建筑[4]。

图 1.1　包豪斯校舍

图 1.2　柏林施普朗曼居住区

与其他国家不同，美国在预制装配式建筑发展初期就注重其个性化的特点，其建筑市场主要集中在郊区。早在 1954 年美国就成立了预制/预应力混凝土协会（PCI），经过长期的研究和推广，有关装配式混凝土的相关规范比较完善，从而有效地推动了预制建筑结构的发展。目前，美国预制混凝土建筑已经形成成熟的装配式建筑市场，其最大特点是大型化和预应力相结合，优化结构配筋以及构造形式，减少施工现场安装工作量，大大缩短施工工期，充分体现住宅工业化、标准化的理念[5,6]。

日本作为发展亚洲装配式建筑的第一个国家，成功将欧美预制建筑的优点和本土特点结合。日本的装配式建筑发展基本可以分为 3 个阶段：追求数量、数量与质量并重、综合品质提升。二战后为满足居民基本的住房需求、减少现场施工人员的数量和现场作业量，日本政府推出一系列指导装配式建筑的方针、政策，如 1966 年日本推出的《住宅工业化战略规划》，明确到 1968 年日本基本满足一户一住宅的标准。20 世纪 70 年代，日本进入完善住宅功能阶段，这一时期日本推出盒子住宅、单元住宅等多种形式，如图 1.3 所示。1985 年之后，人们对住宅的品质要求日益增高。日本基本已经摒弃传统的建造方式，全部住宅采用工业化部件，以节约能源和绿色建筑为目标，进一步发展装配式建筑。另一方面，日本位于地震频发的区域，在装配式建筑的抗震、隔震方面也取得了突破性的进展，如 JASS10-《预制混凝土结构规范》、JASS14-《混凝土幕墙》等[7]。

除上述国家外，在新加坡、新西兰等国家，装配式建筑也被广泛应用。众所周知，新加坡是住宅问题解决较好的国家，其装配式住宅的发展理念促使建筑工业化

3

图 1.3　日本的单元住宅

快速发展。新加坡开发出的 15 层到 30 层的单元化的装配式建筑，占其全国总量的 80％以上。而新西兰早在 20 世纪 60 年代就提出了"快安装预制住宅"的概念。其中 Paker 教授和 Pauley 教授对装配式结构 T 型节点和十字型节点的连接方式进行了广泛研究，并形成了一套广泛的理论体系，对其装配式建筑有重要的影响作用[8,9]。

1.1.2　国内发展背景

2018 年 7 月国务院印发《打赢蓝天保卫战三年行动计划》，提到因地制宜稳步发展装配式建筑。目前，我国预制混凝土建筑还处于初步发展阶段，施工方法主要还是以现浇为主。随着我国建筑市场的快速发展、国家对建筑环保节能的要求以及西方国家在装配式结构方面的先进经验，促使了我国对装配式建筑的研究和发展。

我国的装配式建筑开始于 20 世纪 50 年代的第一个五年计划时期，受苏联的思想影响和借鉴东欧的技术理念，这一时期我国的预制构件工厂逐渐增多，以装配式大板结构为主。但是由于大部分是在现场预制，施工质量和材料工艺都不能得到保证。

20 世纪 70～80 年代，我国掀起了一股装配式建筑的热潮。70 年代中期，政府大力提倡建筑业的"工厂化、装配化、标准化"方针，大力促进预制混凝土结构的发展。80 年代初期，建筑业研发了一系列新技术体系，如大板体系、预制混凝土框架体系、南斯拉夫体系等。到 80 年代末期，全国建立了数万个规模不同的预制构件厂，预制混凝土年产量达 2500 万 m³，装配式建筑应用率达 70％[10]，如图 1.4 所示。

20 世纪 90 年代，我国的预制装配式建筑经历一段发展的低谷时期。一方面，当时的装配式建筑多为大板式结构，形式较为单一而且当时的施工质量和技术标准

图 1.4　预制混凝土板式结构

都较为落后，加上装配式建筑在地震时的表现较差，较为突出的是在唐山大地震时破坏建筑多为预制混凝土建筑，导致人们对预制混凝土建筑信心不足。另一方面，当时我国的劳动力廉价且充足，现场施工也较为方便。因此，预制混凝土建筑发展极为缓慢。

　　进入 21 世纪以来，随着建筑市场的快速发展，装配式建筑的优点日渐突出[11,12]。同时，国家出台了一系列促进发展的法规政策，促使企业和高校等各种研究机构对装配式建筑技术体系进行研究。目前，我国在预制混凝土建筑施工与研究方面比较有代表性的单位有万科集团、中南集团、合肥西韦德有限公司、宇辉集团、东南大学、清华大学、哈尔滨工业大学等。近些年来，我国先后批准建立了 40 个国家建筑工业化基地，在不同区域已建造了多个装配式结构试点工程（图 1.5、图 1.6）[13,14]。

(a) 洛克小镇　　　　　　　　　　　　　　　(b) 玫瑰湾二期

图 1.5　宇辉集团装配式建筑

(a) 万科金域缇香项目   (b) 南京万科上坊保障房项目

图 1.6 万科集团装配式建筑

1.2　带水平缝预制装配式剪力墙连接研究现状

　　装配式建筑中，预制装配式剪力墙结构被广泛应用。目前，我国的预制装配式剪力墙结构主要有 3 种：全预制混凝土剪力墙结构、叠合板式剪力墙结构、插入式预留孔灌浆钢筋锚固连接结构[15,16]。预制剪力墙在施工时，将事先在预制构件厂生产完毕的墙片运送至施工现场，在现场进行拼装或部分采用现浇的方式组成混凝土结构。拼装过程中不可避免地会出现水平接缝，从一定程度上导致预制装配式剪力墙的抗震性能弱于现浇剪力墙。为使预制装配式剪力墙的受力性能接近现浇剪力墙，要采取合理有效的措施，保证接缝处的性能，从而达到"等同现浇"理念[17]。其中在水平接缝处的主要连接方式有：套筒连接、浆锚连接、约束浆锚连接等[18]。

1.2.1　套筒连接

（1）连接原理

　　套筒连接（图 1.7）是将两根连接钢筋插入高强套筒中，然后通过灌浆机向套筒中注入高强灌浆料，灌浆料达到一定强度时钢筋和套筒结合形成整体。两连接钢筋间的应力通过套筒内部的凹凸槽与钢筋之间的高强灌浆料的锚固作用来传递。

（2）研究进展

　　1970 年美国工程师 Dr. Alfred A. Yee 发明了 NMB 套筒连接技术[19]，并将其首次应用于 Ala Moana 旅馆中的预制混凝土柱中。随后，日本购买此专利，对套

预制装配式剪力墙结构连接关键技术

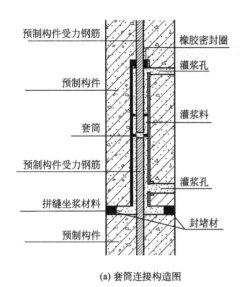

| (a) 套筒连接构造图 | (b) 套筒连接照片 |

图 1.7　套筒连接

筒外形及内部构造不断地改进，1986 年成功研发出 X 型灌浆套筒，其被日本和北美装配式建筑市场广泛应用[20]。1987 年位于新川崎的一栋 30 层住宅楼首次采用 NMB 套筒技术，后多次应用于高层建筑中。1995 年在神户发生的 7.9 级大地震中，采用 NMB 套筒连接的建筑（包括超过 100 层的大楼）基本没有被破坏[21]。随着套筒连接的广泛应用，国内外学者也开展了大量研究，一方面是从制作材料、构造形式以及灌浆材料研究套筒连接的破坏形式，另一方面是对采用套筒连接的构件的力学性能进行研究[22]。

Alias 等[23] 对在套筒连接中两连接钢筋的锚固长度和套筒直径对连接锚固性能的影响进行了研究。结果表明，锚固长度取 10 倍钢筋直径时，两者之间的锚固性能较好；构件破坏形态为套筒外的钢筋被拉断；随着套筒直径的增大，两者的黏结强度变小。试验结果出现钢筋被拉出和灌浆料被拉出的破坏模式，分析得出钢筋被拉出是由于钢筋和灌浆料、灌浆料和套筒之间的黏结强度不足。

Seyed Jamal Aldin Hosseini 等[24] 对内部焊接螺旋箍筋、端头焊接抗剪连接件的套筒连接进行了试验研究，连接构造如图 1.8 所示。试验结果表明，螺旋箍筋可以有效地限制连接钢筋与灌浆料之间的滑移行为；螺旋间距为 25mm 时可以有效地控制钢筋的滑移，提高连接的黏结性能；套筒端头的抗剪连接件使得黏结强度提高。

Kiarash 等[25] 对采用玻璃纤维制作的套筒进行了锚固性能试验研究，其中套筒的黏结采用环氧树脂。试验与铁制套筒构件进行了对比，结果表明，玻璃纤维套筒与铁质套筒的破坏形态基本一致；构件直径减小时，套筒连接的承载力和黏结强

图 1.8　改善型套筒连接

度都增大，纤维材料作为套筒时，两者之间的约束可以得到保证。

我国对套筒连接进行改进研发出了 JM 水泥灌浆直螺纹套筒[26]。此种套筒是一种结合了机械连接和灌浆连接的复合连接形式，相对于 NMB 套筒体积减小了30％，一般使用于 HRB335 和 HRB400 型号钢筋的连接[27]。郭正兴等[28] 研制出一种新型 GDPS (Grouted Deformed Pipe Splice) 套筒，如图 1.9 所示。该套筒采用市场上的普通无缝钢管滚压冷加工而成，套筒外壁设有梯形凹槽，内壁设有凸肋，此种形式可以提高灌浆料与套筒、套筒与外部混凝土之间的黏结性能。后通过拉伸试验研究其工作机理，试验结果表明，套筒内部设置的约束结构对应变分布有显著的影响；钢筋锚固长度取 8 倍钢筋直径时，构件的钢筋发生断裂破坏，接头抗拉强度与钢筋抗拉强度比值满足规范要求。

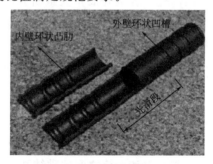

(a) GDPS套筒

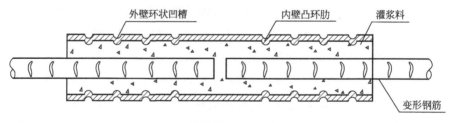

(b) GDPS套筒构造图

图 1.9　GDPS 套筒连接

预制装配式剪力墙结构连接关键技术

Khaled 等[29,30]对 5 种不同钢筋连接方式的预制装配式剪力墙进行拟静力试验研究。其中 5 种连接分别为套筒连接、竖向钢筋采用套筒连接且水平接缝处设置键槽、竖向钢筋采用套筒连接且锚固区域上方设置混凝土无黏结范围、角钢连接和螺栓连接，各种连接示意图如图 1.10 所示。试验结果显示，不同连接形式的剪力墙其各项性能都令人满意，且都具有足够的承载力和延性；通过在锚固区域上方设置混凝土无黏结范围的方法可有效改善连接处的耗能和变形能力；水平接缝采用键槽连接的方式承载力最高；各连接形式的剪力墙的抗震性能均满足实际工程要求，可应用于抗震设防区。

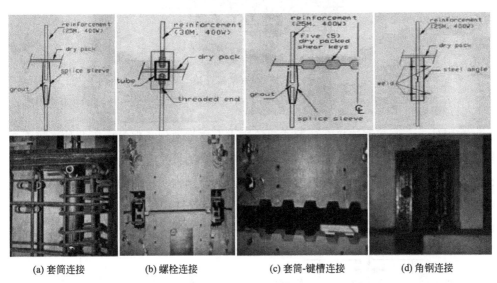

(a) 套筒连接   (b) 螺栓连接   (c) 套筒-键槽连接   (d) 角钢连接

图 1.10 竖向钢筋不同连接形式

清华大学钱稼茹等[31]对采用套筒灌浆连接形式的剪力墙进行了抗震性能试验研究。其中两个为采用套筒连接的剪力墙构件，两个两边预制、中间现浇连接的剪力墙构件（预制与后浇拼接处的处理方式不同：前者为键槽连接、后者为粗糙面连接）。试验结果显示，采用套筒灌浆连接的剪力墙可以有效地传递应力，并具有和现浇剪力墙构件相当的抗震能力；采用粗糙面连接的预制装配式剪力墙性能优于采用键槽连接的剪力墙。

陈康等[32]对采用直螺纹灌浆套筒连接的剪力墙进行抗震性能试验研究。试验过程中墙体裂缝主要为水平裂缝以及扩展的斜裂缝，试验结果表明，采用直螺纹灌浆套筒连接可以有效地传递应力，具有一定的工程适用性。

1.2.2 约束浆锚连接

（1）连接原理

约束浆锚连接（rebar lapping in grout-filled hole）又称间接搭接，其理论基础

9

是钢筋的非接触搭接，且在钢筋搭接的范围内设置横向约束。将钢筋插入经处理的预留孔洞（孔洞内壁表面为螺旋状或波纹状）后，灌入水泥基灌浆料（高强、早强、微膨胀性材料），待灌浆料达到一定强度后，两钢筋锚固在构件中，形成可靠的传力连接。连接形式如图 1.11 所示。

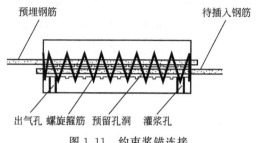

图 1.11　约束浆锚连接

（2）研究进展

在国外，套筒灌浆连接在装配式建筑中占有主导地位，但是由于此种连接需要较高的施工技术，所以在我国没有大范围的应用。约束浆锚连接是结合装配式结构在我国的特点研发而成的一种钢筋连接形式。目前国内采用的约束浆锚连接形式主要有两种：插入式预留孔灌浆钢筋搭接连接和 NPC 浆锚插筋连接，连接构造如图1.12、图 1.13 所示。

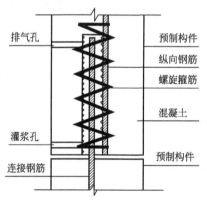

图 1.12　插入式预留孔灌浆钢筋搭接连接

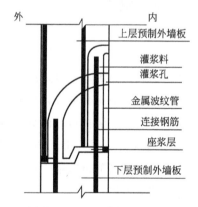

图 1.13　NPC 浆锚插筋连接

2008 年，姜洪斌等与黑龙江宇辉集团合作，研发出了"插入式预留孔灌浆钢筋搭接连接"形式，并申请专利[33]，现已列入《装配式混凝土结构技术规程》（JGJ 1—2014）。其构造图如图 1.12 所示。哈尔滨工业大学姜洪斌、张海顺等[34,35]对此种连接形式进行了锚固试验和搭接试验，考虑了锚固长度、混凝土强度、钢筋直径以及搭接长度等影响因素。试验结果给出了钢筋的基本锚固长度

预制装配式剪力墙结构连接关键技术

（$0.8l_a$）和合理的搭接长度。随后，赵培、倪英华[36,37] 对采用螺旋箍筋为约束条件的插入式预留孔灌浆钢筋搭接连接构件进行了力学性能的试验研究。试验结果表明，螺旋箍筋的参与可以有效地减小钢筋的搭接长度。2017年，同济大学刘硕等[38] 对12个搭接钢筋直径不同的螺旋箍筋约束的插入式预留孔灌浆钢筋搭接连接的构件进行了力学性能分析。结果显示，直径为10mm的钢筋连接时搭接长度要超过$1.0l_a$；直径为14mm的钢筋连接时搭接长度要大于$1.2l_a$。

哈尔滨工业大学张家齐[39] 对插入式预留孔灌浆钢筋搭接连接在剪力墙中的力学性能进行了试验研究。试验设计了3层足尺剪力墙结构，并进行了单自由度拟静力试验和多自由度拟动力试验。结果表明，预制装配式剪力墙构件和现浇剪力墙的破坏模式基本一致，整体耗能和变形能力较好；各部件连接在试验过程中没有发生锚固破坏，满足受力要求，可以应用在地震区。随后邵晓峰[40] 对采用约束浆锚连接的剪力墙进行了抗震性能试验研究，其中将预埋钢筋的直径作为参数分析。结果表明，采用约束浆锚连接的剪力墙破坏模式与现浇剪力墙基本一致，其耗能及变形能力优于现浇剪力墙。

清华大学钱稼茹等[41] 研究了采用插入式预留孔灌浆钢筋搭接连接的剪力墙的拟静力试验，试验对4片剪力墙构件进行了分析。试验结果显示，预制剪力墙构件的主要裂缝在预留孔洞上表面处和墙底接缝位置；采用插入式预留孔灌浆钢筋搭接连接的方式可以有效地传递钢筋间应力；预制剪力墙的破坏模式与现浇剪力墙有所不同，但是满足规范要求。

2007年，中南建筑集团从澳大利亚 Conrock 公司引进"全预制装配整体式剪力墙结构体系"即 NPC 结构体系。全预制剪力墙的核心技术就是上下层竖向钢筋采用波纹管浆锚连接方式（图1.14）。东南大学郭正兴等[42,43] 对墙体竖向连接、墙梁节点、预制剪力墙结构的力学性能进行了大量的试验研究。

图1.14 NPC浆锚插筋连接装置

东南大学陈云钢等[44]对考虑钢筋直径、混凝土强度、锚固长度的波纹管浆锚连接进行了试验研究。锚固试验结果显示,钢筋被拉断,波纹管浆锚连接方式比较可靠;搭接长度取 0.6 倍的锚固长度时,连接钢筋抗拉强度较高。

湘潭大学尹齐等[45]研究了考虑钢筋直径、锚固长度、波纹管外径等因素的波纹管浆锚连接构件的力学性能。试验结果显示,锚固长度取 15 倍钢筋直径、波纹管外径取 2 倍钢筋直径时,锚固性能较好。

陈云钢等[46]对采用波纹管浆锚连接的预制剪力墙进行了拟静力试验研究。试验结果显示,采用此种连接可以有效地传递竖向钢筋间应力;剪力墙破坏形态与现浇墙体基本一致,耗能能力与现浇墙体相当。东南大学刘家彬等[47]对水平拼缝 U 型闭合筋连接形式的剪力墙进行了试验研究,其中预制墙体上下层竖向钢筋采用波纹管浆锚连接,水平分布钢筋与竖向 U 型闭合筋相连,箍筋将上下 U 型闭合筋约束成整体。试验结果表明,U 型闭合筋连接的剪力墙构件与现浇剪力墙构件的破坏形态基本相同,耗能能力和变形能力与现浇构件基本相当;采用 U 型闭合筋方式安全可靠,可以应用在实际工程中。

1.2.3　其他竖向连接

（1）机械连接

机械连接是将钢筋与连接件焊接在一起,通过两者之间的机械咬合作用或钢筋端面的承压作用传递应力。K. A. Soudki 等[48]对套筒浆锚连接和套筒机械连接进行了对比分析。结果发现,试验过程中套筒截面过早地发生了正截面剪切变形,套筒机械连接的承载力比浆锚连接低 25%,变形能力低 20%。故要保证机械连接的抗震性能,需要对套筒本身的属性提出很高的要求,而且施工过程中需要更高的施工工艺。

（2）螺栓连接

螺栓连接是指通过螺栓将墙体中的连接部分固定起来,最后在连接部位浇筑混凝土,螺栓连接对施工要求较高,所以在国内外应用较少。Technical Council of Fib[49]的报告中给出了螺栓连接在荷载作用下的破坏形态,并提到螺栓连接是一种简单又安全的连接方式。James F 等[50]对采用螺栓连接的预制剪力墙进行了动力性能的研究。

（3）后张预应力连接

后张预应力连接是指通过后张预应力钢筋将上下层墙体连接在一起,连接处承担整体结构的塑性变形,使得墙体其他部分处于弹性可恢复状态。通过后张预应力连接方式可提高结构连接处的抗剪强度,有效地减少地震作用后结构的残余变形。

其构造图如图 1.15 所示。

早在 20 世纪 70 年代，新西兰 Robert Park 等[51] 就对部分采用后张预应力连接的全装配式剪力墙进行了试验研究，但并未引起广泛注意。20 世纪 90 年代，许多学者对采用预应力连接的构件进行了大量研究，其中包括节点研究以及整体抗震性能研究等。研究结果表明，采用此种连接的结构的耗能性能较差。为提高应用预应力连接结构的耗能能力，F. J. Perez 等[52] 通过在采用预应力连接的水平结合面处增加抗剪键来提高其耗能能力。R. S. Henry 等[53] 提出一种 O 型连接器，研究结果表明这种连接形式能达到预期响应和足够的能量耗散，且可应用于高烈度区。

（4）Wall Shoes 连接

Wall Shoes 连接的连接形式与螺栓连接相似。连接时下层剪力墙预埋钢筋的外露端穿过矩形连接器与底板用螺栓连接，最后在 Wall Shoes 连接器和接缝处灌入混凝土，混凝土硬化后形成整体。其详细构造如图 1.16 所示。荷载作用下，连接处的拉力和剪力由 Wall Shoes 连接器承担，而内部应力由连接器底板、侧板和钢筋来传递。

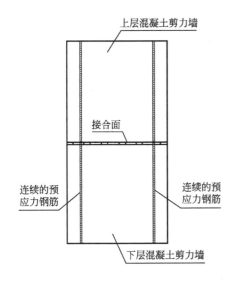

图 1.15　后张预应力连接

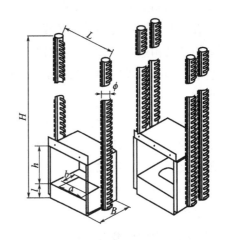

图 1.16　Wall Shoes 连接构造图

Václav Vimmr 等[54] 对 Wall Shoes 连接进行了研究分析，证实了其可靠性，并给出了此连接在结合面表面为锯齿状键槽时的抗剪承载力公式。各研究证明可以将浆锚连接和 Wall Shoes 连接搭配的形式应用于抗震区。

1.3 带竖向缝预制装配式剪力墙连接研究现状

装配式结构在拼装时产生的竖向接缝是影响剪力墙整体结构抗震性能的一个重要因素。接缝处的构造形式、钢筋布置、接缝处混凝土的强度等因素都会影响整体结构的性能。关于竖向接缝处的连接形式、抗剪承载力以及带竖向接缝的剪力墙整体结构性能，国内外学者做出了大量的研究。

1.3.1 国外研究现状

Khaled A. Cholewickia[55] 对竖向接缝处的破坏模式进行了试验研究，试验过程中考虑了抗剪键面积、接缝形状和配筋率等因素的影响。试验结果针对对角裂缝破坏和非对角裂缝破坏两种破坏形态提出了抗剪承载力计算公式。随后 S. C. Chakrabarti 等[56] 对 29 个带竖向接缝的预制墙板进行了抗剪试验研究。试验结果显示，影响竖向接缝处的抗剪承载力的因素主要有连接配筋率、剪力键面积以及混凝土强度及变形等，并给出了竖向接缝抗剪承载力和剪切刚度计算公式。

预制剪力墙结构中，竖向接缝处采用可靠的连接形式对预制剪力墙结构的抗震性能有重要影响。早在 20 世纪 80 年代，国外学者 Bhatt[57] 对开洞和未开洞带竖向接缝的预制剪力墙进行了研究，考虑了墙体高度、节点数量等因素对连接处的影响，并针对预制剪力墙结构的设计提出一些建议。随后 Pekau[58] 对一栋 12 层预制剪力墙结构进行了数值模拟分析和谱分析，结果显示带竖向接缝的预制剪力墙的地震响应和基本周期相同的现浇整体墙接近，并指出竖向接缝处设计主要由抗剪荷载控制。

Crisafulli 等[59] 研究了中低层装配式剪力墙竖向接缝的力学性能，其中在竖向接缝处为开圆形孔的焊接矩形板。试验结果给出了该接缝的剪切刚度以及屈服、极限强度的简化计算式。

Harris 等[60] 对一栋 6 层装配式剪力墙结构进行了拟静力试验研究并对其缩尺剪力墙模型（缩尺比例为 3/32）进行了动力试验研究分析，试验考虑了配筋率、单调荷载和周期荷载等参数对结构的影响。试验结果显示，竖向接缝中的配筋率对剪力墙模型的抗剪承载力影响较大，其延性随着竖向接缝面积的增大而提高。

Mochizuki 等[61] 对 7 个 3 层单跨带竖向接缝装配式剪力墙的缩尺模型（缩尺比例 1/8）进行了拟静力试验研究，试验考虑了水平接缝处销键的布置及竖向接缝处水平钢筋的数量等因素对剪力墙结构的影响。试验结果表明，构件的峰值荷载受水平、竖向接缝约束条件的联合影响；其极限荷载主要受水平接缝约束条件的影响。

Pekau 等[62] 提出了一种改进离散单元模型，并利用此模型对 12 层 3 跨的装配式剪力墙结构模型开展数值模拟，研究在水平地震作用和连续倒塌作用时其接缝处的抗剪性能。模拟结果显示，预制剪力墙模型满足抗震设计要求时，其竖向接缝的抗剪变形性能及水平接缝的抗剪滑移能力均能满足抗连续倒塌设计的要求。

1.3.2 国内研究现状

国内学者宋国华、柳炳康等[63] 对装配式大板结构竖缝处的力学性能进行了试验研究分析，试验设计了 18 榀构件。试验描述了构件在低周往复荷载作用下的完整受力过程，确定了接缝承载力与接缝宽度以及结合面钢筋的关系，并提出了爆裂前后接缝处受剪承载力模式。

王滋军等[64] 对带竖向接缝的叠合剪力墙进行了拟静力试验研究，其中一水平拼接剪力墙的节点处混凝土为现浇。试验结果表明，水平拼接的预制叠合剪力墙的各抗震性能指标与现浇剪力墙基本一致，水平拼接处的构造方式合理、可靠，墙体具有较好的抗震性能。

初明进等[65] 对竖向接缝处采用不同连接方式的预制空心模板剪力墙进行了拟静力试验研究。试验结果显示，预制空心模板剪力墙的承载力比现浇剪力低，但是其变形能力更强；预制墙体的抗震性能主要受竖向接缝的影响，且在竖向接缝处设置木条的方式可以有效地改善墙体性能。

清华大学钱稼茹等[66] 对不同连接形式的剪力墙构件进行了拟静力试验研究。其中就两边预制、中间后浇、水平拼接结合面处采用键槽和粗糙面的剪力墙构件进行了试验分析。试验结果显示两预制构件的破坏模式与现浇基本一致；相同条件下预制墙体的刚度和耗能能力与现浇构件相当；结合面采用粗糙处理的剪力墙连接效果更好。

哈尔滨工业大学杨勇[67] 对竖向接缝处设置"钢筋环插筋连接"的技术进行抗剪试验研究，确定键槽的位置和键槽间距，水平接缝处连接构造图如图 1.17 所示。后将此种连接应用在预制混凝土剪力墙中，并对其进行了拟静力试验研究。试验结果显示，带竖向结合面的预制剪力墙的各项力学性能与现浇剪力墙基本一致，且在墙体屈服后预制墙体的抗震性能有所提高；给出了考虑钢筋、键槽等因素影响下竖向接缝处的抗剪计算公式。梁国俊[68] 对带竖缝的"工"字形装配式剪力墙的抗震性能进行了试验研究。其试验结果显示，预制墙体的峰值荷载较高，屈服位移稍小；试验表明竖向接缝对整体剪力墙结构的斜截面抗剪承载力影响很小，可采用与现浇墙相同的计算方法。随后胡玉学[69] 改善了竖向接缝处钢筋的布置方式，即在预制墙体构件的竖向接缝处设置 X 形钢筋架（构造如图 1.18 所示），从而改善竖向接缝处的抗震性能，并对采用加强型装置的预制剪力墙的抗震性能进行了拟静力试验研究。试验结果表示，预制剪力墙的承载力以及耗能能力与现浇剪力墙相当，且预制剪力墙延性更好。

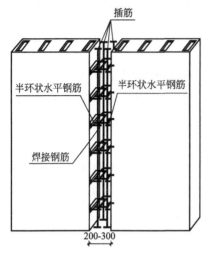

图1.17　钢筋环插筋连接构造图

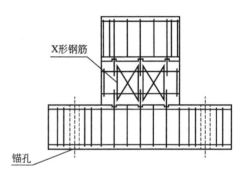

图1.18　X形钢筋架连接构造图

1.4　不同接缝预制装配式剪力墙的连接形式

1.4.1　带水平缝预制装配式剪力墙

带水平缝预制装配式剪力墙竖向浆锚连接是由中国航天建设集团自主研发的，此连接形式是通过改变墙体构造而简化连接的一种新型剪力墙结构体系。它主要抗侧力构件为预留孔洞的剪力墙，上部预制剪力墙的插筋插入下部预制剪力墙的八边形孔洞内，下部预制剪力墙预留插筋与其上部插筋在孔洞内间接搭接，从后浇带浇筑的混凝土将上下剪力墙连接成一个整体，具体构造如图1.19所示。

采用竖向浆锚连接方式的装配式剪力墙优点是：在加工厂制作预制墙体时，剪力墙制模简便，预留孔洞较为方便，可批量生产，节省时间，生产造价低。在现场装配时，先吊装预制剪力墙，之后将上部分的剪力墙插筋插入下部分剪力墙的孔洞内，实现上下剪力墙竖向连接，再从梁板或者后浇带浇筑混凝土，整个施工过程简单方便。上下剪力墙组装时减少现场模板的使用，增加经济效益，提高施工速度。

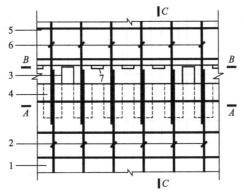

(a) 装配式剪力墙新型竖向浆锚连接立面图

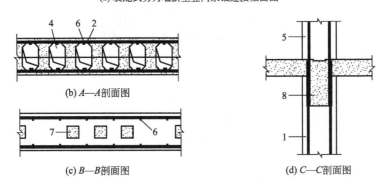

(b) A—A剖面图

(c) B—B剖面图

(d) C—C剖面图

图 1.19　新型连接示意图

1—下部预制剪力墙；2—下部预制剪力墙插筋；3—支撑柱；4—八边形凹槽；

5—上部预制剪力墙；6—上部预制剪力墙插筋；7—抗剪键；8—后浇混凝土

1.4.2　带竖向缝预制装配式剪力墙

本书在参考国内外剪力墙结构抗震性能的研究基础上，提出了带竖向缝预制装配式剪力墙的钢筋间接搭接的连接方式（图 1.20）。

1.4.3　带水平和竖向缝预制装配式剪力墙

预制一字形剪力墙构件水平接缝竖向连接的钢筋连接示意图如图 1.21（a）所示。在预制墙体的下端，预埋八边形钢模，墙体中两连接钢筋在八边形钢模内留有一定的搭接长度。安装时，将下部基座伸出的钢筋对应伸入墙体预留孔洞内，伸入的长度应满足钢筋间接搭接长度的要求。竖向接缝由两边预制"凹"字形墙体拼接、中间预留现浇部分组成。如图 1.21（b）所示。

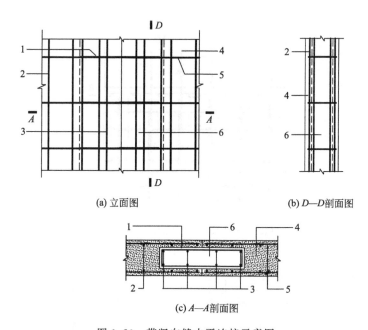

(a) 立面图　　　　　　　　　　　(b) D—D剖面图

(c) A—A剖面图

图 1.20　带竖向缝水平连接示意图

1—现浇混凝土箍筋；2—墙体竖向分布钢筋；3—现浇混凝土纵向钢筋；

4—预制墙体；5—墙体水平分布钢筋；6—现浇混凝土

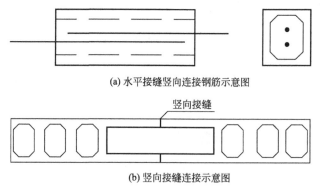

(a) 水平接缝竖向连接钢筋示意图

(b) 竖向接缝连接示意图

图 1.21　墙体接缝处连接示意图

1.5　研究内容

　　从国内外对装配式剪力墙的研究及在实际工程中的应用来看，装配式剪力墙连接处的受力性能决定剪力墙整体结构的抗震性能，如何使用可靠的连接形式将剪力墙连接成整体，使剪力墙在往复荷载作用下具有足够的承载力及良好的抗震性能，是目前国内外研究的重点，是决定剪力墙结构能否推广应用的重要因素。从目前国

预制装配式剪力墙结构连接关键技术

内外已投入到实际工程中的竖向钢筋连接技术来看，无论采用湿连接还是采用预埋连接器的干连接均存在着一定的缺陷。例如湿连接，湿连接存在较大的湿作业面积，需考虑因素较多，增加了施工成本；采用干连接虽避免了现场湿作业，但套筒连接需掌握高精度定位，严格控制灌浆料配比，需要较为专业的技术人员，从而导致施工效率与经济效率低下。因此对于研究新型连接方式具有一定的实际意义。本书围绕装配式剪力墙新型竖向浆锚连接形式进行试验和有限元分析，主要内容有：

① 提出带水平缝预制装配式剪力墙的浆锚连接、带竖向缝预制装配式剪力墙的间接搭接与带水平和竖向缝预制装配式剪力墙的浆锚连接的方案。制作并完成搭接试验和抗剪试验，验证该连接形式的可靠性与有效性。

② 设计 4 片剪力墙，研究竖向浆锚连接装配式剪力墙的抗震性能，并完成拟静力试验，分析试验现象，研究各构件的破坏形态、延性、承载能力、耗能能力及刚度退化等性能，验证三种不同接缝的预制剪力墙能否满足抗震要求，揭示不同接缝的预制剪力墙在抗震性能方面的优越性。

③ 采用 ABAQUS 有限元软件对现浇剪力墙与带三种不同接缝形式的装配式剪力墙抗震性能试验展开数值分析，分析配箍率、后浇带配筋率、剪跨比对带水平缝预制装配式剪力墙浆锚连接的抗震性能影响；分析后浇带厚度、插筋长度、剪跨比对带竖向缝预制装配式剪力墙间接搭接的抗震性能影响。

④ 分析数值模拟结果，提出带水平缝预制装配式剪力墙和带竖向缝预制装配式剪力墙的合理构造措施。结合这两种接缝墙体的研究结果，提出带水平和竖向缝预制装配式剪力墙的合理的布筋与构造方式。

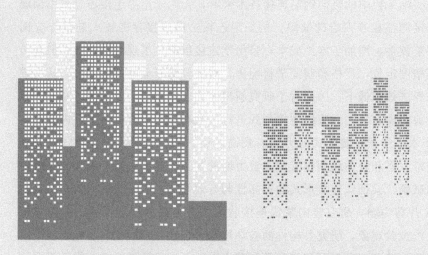

第2章 新型竖向浆锚连接搭接试验和抗剪试验

2.1 新型竖向浆锚连接搭接试验

2.1.1 构件设计和制作

2.1.1.1 构件设计

钢筋的锚固长度是保证钢筋和混凝土之间连接的基本条件，构件的搭接长度在满足规范计算长度的基础上，钢筋直径选取 8mm、12mm、14mm 三种；钢筋种类

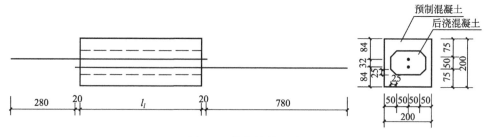

图 2.1 搭接构件尺寸

预制装配式剪力墙结构连接关键技术

选择带肋 HRB400；构件混凝土截面为 200mm×200mm；混凝土强度取 C30，构件按钢筋直径分为三组，每组各三个，共九个构件。图 2.1 所示为新型竖向浆锚连接搭接长度试验构件各个尺寸。在钢筋搭接试验中，保证满足钢筋锚固长度和结构实验室加载装置的要求，试验构件尺寸如表 2.1 所示。

表 2.1　构件尺寸及编号

构件编号	钢筋直径/mm	混凝土强度	l_l/mm	b/mm	h/mm
DJ-1、DJ-2、DJ-3	8	C30	340	200	200
DJ-4、DJ-5、DJ-6	12	C30	450	200	200
DJ-7、DJ-8、DJ-9	14	C30	520	200	200

2.1.1.2　制作过程

① 在钢筋上进行机械锚固。

根据混凝土规范规定，对于构件两根受拉钢筋采用两侧贴焊锚筋的形式，钢筋末端两侧分别焊上钢筋，其长度是钢筋直径 3 倍，如图 2.2 所示为钢筋的机械锚固。

图 2.2　钢筋的机械锚固

② 将特制的八边形钢模放入木模板中。

如图 2.3 所示将钢模贯穿放入木模板，其位置由模板条固定。并在浇筑之前，在其表面涂抹一层脱模剂，有利于后续的脱模处理。

③ 浇筑第一批混凝土并抽出钢模。

在混凝土初凝之后，进行脱模处理，在脱模时，要注意匀速抽出并保证预制部分混凝土不受到破坏，如图 2.4 所示为预留八边形孔洞图。

④ 固定两根后插钢筋，并灌入现浇混凝土。

在预制部分养护 21 天后，插入钢筋并进行位置固定，完成之后灌入现浇混凝土，继续养护 28 天，如图 2.5 所示。

2.1.1.3　构件尺寸

混凝土构件截面尺寸为 200mm×200mm，混凝土实际长度为钢筋搭接长度左右各增加 20mm 的非黏结段。两根搭接钢筋平行放置，其中一根伸出混凝土表面分别为 20mm 和 300mm，另一根伸出 20mm 和 800mm。

(a) 钢模

(b) 钢模的固定

(c) 钢模的安装

图 2.3 钢模的定位

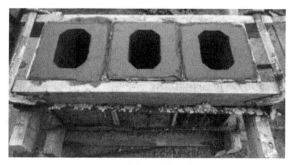

图 2.4 预留八边形孔洞

2.1.1.4 混凝土的材料力学性能

试验混凝土强度选取 C30，根据《混凝土结构设计规范》（GB 50010—2010）[70] 的要求，对于预制部分混凝土和现浇部分混凝土在浇筑时各预留 3 个 100mm×100mm 立方体标准试块，均与构件同条件养护，待养护 28 天后，在标准压力机上施压破坏，测得其抗压强度，见表 2.2。

预制装配式剪力墙结构连接关键技术

(a) 构件装配   (b) 构件灌浆

图 2.5　搭接构件的制作

表 2.2　混凝土的材料力学性能

项目	编号	抗压强度/MPa	抗压强度平均值/MPa
预制混凝土	YZ-1	25.9	25.6
	YZ-2	24.9	
	YZ-3	26.0	
现浇混凝土	XJ-1	37.4	37.6
	XJ-2	37.5	
	XJ-3	37.8	

2.1.1.5　钢筋的材料力学性能

根据《金属材料　拉伸试验第 1 部分：室温试验方法》(GB/T 228.1—2010)[71]，采用量程为 100kN 的液压万能试验机分别对直径为 8mm、12mm、14mm 的 HRB400 钢筋进行拉伸试验，测得其屈服拉力和极限拉力，见表 2.3。

表 2.3　钢筋的材料力学性能

HRB400	A/mm^2	平均屈服强度/MPa	平均极限强度/MPa	弹性模量 /10^5MPa
$D=8mm$	50.3	372.5	563.8	2.0
$D=12mm$	113.1	404.1	674.0	2.0
$D=14mm$	153.9	460.6	554.8	1.8

第 2 章　新型竖向浆锚连接搭接试验和抗剪试验

2.1.2 实施方案

2.1.2.1 加载装置

采用 30t 手动式液压千斤顶，60t 压力传感器和直径为 8mm、12mm、14mm 的锚具，测量钢筋滑移量用千分表，测量钢筋应变值用静态应变仪，并施加温度补偿措施。

利用特制钢架加载，钢架见图 2.6，钢架两端各有一块 400mm×400mm× 40mm 的承压钢板，并在钢板靠近中心处切出孔洞，以便伸出钢筋。两块承压钢板通过 4 根 B40 的钢柱连接，并在上侧和下侧两个钢柱焊接 210mm×200mm× 10mm 的垫板用于摆放固定构件。在钢架两侧各加一块尺寸为 400mm×400mm× 40mm 的承载钢板以提高钢架的稳定性能。该装置的优势在于可以通过调节前端钢板来满足不同长度构件的需要，一端锚固，一端拉拔的加载方式能够节省一个千斤顶，提高试验的可操作性且利于试验的观察。

图 2.6　搭接试验加载装置图

2.1.2.2 加载方案和量测内容

根据《混凝土结构试验方法标准》[72]，试验首先进行预加载，确保钢筋与锚固连接正常后，开始采用连续施加荷载的方式，直到受拉钢筋屈服以致破坏。加载过程应根据钢筋的直径选择相应的加载速度，不应产生冲击荷载。

在构件两根伸出的长钢筋距混凝土表面 20mm 的位置贴好应变片，通过电阻应变仪测得钢筋的应变。在伸出 20mm 的短钢筋和混凝土构件侧面焊接一块小钢板，通过测量两者的相对位移得出钢筋自由端的滑移量，当滑移量超过一定限值时即构件的搭接长度不足，试验失败。

2.1.3 数据分析

2.1.3.1 钢筋搭接试验

（1）钢筋直径为 8mm 构件

构件平均屈服荷载为 19.9kN，峰值荷载为 29.2kN。搭接长度为 300mm，构件长 340mm。构件试验结果与破坏现象见表 2.4。表中屈服荷载是指受拉钢筋屈服时的荷载数值，连续加载时荷载读数在一个值附近小幅变化，可认为构件进入屈服阶段；峰值荷载是指钢筋达到极限抗拉强度即最大承载力时的荷载数值，单位为 kN。

表 2.4 直径为 8mm 构件试验结果与破坏现象

构件编号	构件破坏图	屈服荷载/kN	峰值荷载/kN	破坏现象
DJ-1		20.0	27.3	钢筋拉断
DJ-2		20.0	30.2	钢筋拉断
DJ-3		19.8	30.2	钢筋拉断

构件外部受拉钢筋均达到屈服并最终达到峰值荷载，构件混凝土表面没有发生破坏且自由端的钢筋在一定范围内出现较小滑移。直径为 8mm 构件的搭接性能可靠，满足搭接要求。

（2）钢筋直径为 12mm 构件

构件平均屈服荷载为 55.2kN，峰值荷载为 72.9kN。搭接长度为 410mm，构件长 450mm。构件试验结果与破坏现象见表 2.5。当构件受拉钢筋达到屈服时，构件混凝土表面未出现裂缝。随着荷载的继续增加，沿钢筋与混凝土接触顶面 45°方向产生斜向裂缝。当钢筋拉断的瞬间，裂缝进一步扩大并产生掉角的现象；试验过程中受拉钢筋均可进入屈服并达到峰值荷载，混凝土试块出现掉角现象但钢筋并未拔出且钢筋与混凝土之间未出现黏结滑移；直径为 12mm 构件的搭接长度及搭接形式满足搭接要求。

表 2.5　直径为 12mm 构件试验结果与破坏现象

构件编号	构件破坏图	屈服荷载/kN	峰值荷载/kN	破坏现象
DJ-4		54.7	73.5	钢筋拉断
DJ-5		56.0	76.4	钢筋拉断
DJ-6		55.0	68.8	钢筋拉断

（3）钢筋直径为 14mm 构件

构件平均屈服荷载为 84.3kN，峰值荷载为 93.3kN。搭接长度为 480mm，构件长 520mm。构件试验结果与破坏现象见表 2.6。试验过程中 DJ-7 和 DJ-8 的破坏现象与钢筋直径 12mm 的构件类似，首先在混凝土端部出现 45°裂缝并在钢筋接近极限荷载时，混凝土出现掉角现象。DJ-9 构件在屈服前 72.6kN 时，出现一条贯穿裂缝，随着荷载进一步加大，横向裂缝继续扩大，最终在接近峰值荷载时构件破坏。在直径为 14mm 的前两组构件中，构件的受拉钢筋均可达到屈服且混凝土试块只发生掉角现象，但钢筋并未拔出，且钢筋与混凝土之间未出现黏结滑移。DJ-9 构件在屈服前已出现一条横向裂缝，其余 8 组构件在屈服前均未出现裂缝且钢筋拉断后并未出现横向裂缝，可以判断 DJ-9 的破坏属于施工质量引起的偶然现象，但 DJ-7、DJ-8 的搭接长度及搭接形式满足搭接要求。

表 2.6　直径为 14mm 构件试验结果与破坏现象

构件编号	构件破坏图	屈服荷载/kN	峰值荷载/kN	破坏现象
DJ-7		83.9	97.1	钢筋拉断
DJ-8		86.0	95.2	钢筋拉断
DJ-9		83.0	87.7	劈裂破坏

预制装配式剪力墙结构连接关键技术

2.1.3.2 裂缝分析

本试验采用对钢筋的一端施加拉力，另一端进行锚固的加载方式。其受力相当于在钢筋的两段各施加一对相反的拉力，如图2.7所示。其中，钢筋端部的拉力通过钢筋传递给搭接区段的混凝土，再通过混凝土将力传递给另一根钢筋。由于构件加工质量、试验构件摆放位置等因素的影响，在试验过程中很难保证对钢筋施加的轴向力平行于受拉钢筋。当施加的轴向力产生向外侧的偏移，则会对搭接区的混凝土产生一个沿切面方向的拉力，致使混凝土端部产生裂缝并最终出现掉角现象。

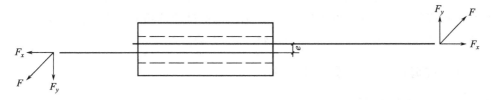

图2.7 搭接构件受力简图

2.1.3.3 数据处理及分析

在表2.7中直径8mm、12mm和14mm钢筋的屈服强度和极限强度与材料性能试验得出的值相近但并不完全一致。一方面是由于搭接试验和材料性能试验钢筋的荷载施加方式不同，材料性能试验为钢筋的两端受轴向的拉力，而搭接试验为前后两根钢筋一端施加拉力一端进行锚固，钢筋之间通过混凝土的黏结力连接。另一方面，在试验过程当中也会出现不可避免的误差。综上所述，新型竖向浆锚连接的搭接性能满足要求，未发生黏结破坏。

表2.7 搭接试验屈服强度与极限强度

钢筋直径 /mm	构件编号	试验屈服强度 /MPa	试验极限强度 /MPa	材料性能屈服强度 /MPa	材料性能极限强度 /MPa
8	DJ-1	397.9	543.1	396.5	581.5
	DJ-2	397.9	600.8		
	DJ-3	393.9	600.8		
12	DJ-4	483.6	649.9	488.4	644.6
	DJ-5	495.1	675.5		
	DJ-6	486.3	608.3		
14	DJ-7	545.0	630.8	547.6	606.3
	DJ-8	558.7	618.4		
	DJ-9	539.2	569.7		

2.2 新型竖向浆锚连接抗剪试验

新型竖向浆锚连接装配式剪力墙进行拼装组合时会形成一条120mm宽的现浇带，其抗剪性能对于装配式剪力墙竖向浆锚连接抗震性能的研究是十分重要的。剪力墙在水平荷载作用下，底部的现浇带承受的弯矩作用最大，破坏也最为明显，应了解新型竖向浆锚连接的抗剪性能。

从现浇带的受力状况来看，其抗剪承载力由混凝土黏结力、界面摩擦力和钢筋的销栓力组成[73]。其中界面的抗剪极限承载力主要由钢筋的销栓力来承担，且构件均在现浇带的剪切面处发生破坏[74]。本书抗剪试验选用双面直剪试验模型，考虑不同剪切面对新型竖向浆锚连接抗剪性能的影响。

2.2.1 抗剪试验构件设计和制作

2.2.1.1 构件设计和制作

本试验采用双面直剪试验模型，抗剪构件两侧预制500mm长的预制件，再于

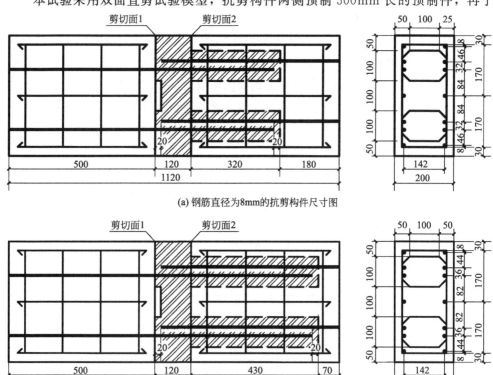

(a) 钢筋直径为8mm的抗剪构件尺寸图

(b) 钢筋直径为12mm的抗剪构件尺寸图

图2.8 抗剪试验构件尺寸图

预制装配式剪力墙结构连接关键技术

中间后浇 120mm 的现浇带，截面尺寸为 400mm×200mm，抗剪构件的尺寸如图 2.8 所示。抗剪构件模拟了装配式新型竖向浆锚连接技术：首先制作左右两侧的预制部分，左侧预制部分通过特制的钢模具预留出两组八边形孔洞，孔洞的长度为在搭接长度的基础之上增加 20mm 的非黏结区段，右侧预制部分设置一组 100mm×100mm×20mm 的抗剪件，用以提高该处剪切面的抗剪性能。在左右两侧预制部分预埋两组纵向受拉钢筋，受拉钢筋采用机械锚固的方式减小钢筋搭接的长度。预埋钢筋通过八边形凹槽内的现浇混凝土凝结硬化后连接成为一个整体。

影响抗剪构件抗剪的因素有很多[75]，比如混凝土强度、界面粗糙度、界面剂、界面配筋率、钢筋种类等是影响构件抗剪性能的关键因素。其中，界面粗糙度、混凝土强度、界面剂对连接的开裂有较大影响，而界面配筋率和钢筋的种类对连接的极限承载力起主要作用[76]。

本书根据工程常用配筋选取直径为 8mm 和 12mm 两种，钢筋种类选带肋钢筋 HRB400，混凝土强度选择 C30，抗剪构件的混凝土与钢筋均与搭接试验为同一批材料，其材料力学性能分别见表 2.2 和表 2.3。其钢筋的搭接长度根据上述搭接试验选取。构件尺寸如表 2.8 所示。

表 2.8　构件尺寸及编号

钢筋直径/mm	构件编号	搭接长度/mm	构件长度/mm
8	KJ-1、KJ-2	300	1120
12	KJ-3、KJ-4	410	1120

2.2.1.2　制作过程

（1）在钢筋上进行机械锚固

为减小钢筋的搭接长度，纵向连接钢筋需要进行机械锚固。机械锚固的要求同搭接试验。

（2）预制部分制作

为了预留出八边形孔洞，将特制的钢模板放入木模板中，其位置通过木板条进行固定并在浇筑前于钢模板表面涂抹一层脱模剂。左侧部分钢筋通过外部措施进行位置固定，右侧部分钢筋通过穿过钢模板端面的孔洞进行固定，如图 2.9 所示。

试验时为了避免构件产生局压破坏，需要对构件左右两侧预制部分进行构造配筋，构造配筋如图 2.9 所示。

（3）浇筑第一批混凝土并抽出钢模

在混凝土初凝之后进行构件脱模，脱模时应匀速拔出，避免构件破坏，如图 2.10 所示为构件脱模后预留的八边形孔洞。

(a) 左侧预制部分配筋

(b) 右侧预制部分配筋

图 2.9　构件的配筋

(a) 左侧预制部分

(b) 右侧预制部分

图 2.10　构件的制作

（4）进行构件拼装并进行第二次混凝土浇筑

在预制部分养护 21 天后，将左右两侧预制部分进行拼装，中间预留 120mm 的现浇带。拼装完成后，进行第二批浇筑并继续养护 28 天（图 2.11）。

(a) 构件的拼装

(b) 构件的灌浆

图 2.11　抗剪构件的装配

预制装配式剪力墙结构连接关键技术

2.2.2 实施方案

2.2.2.1 加载装置

试验的加载装置采用1000kN的液压千斤顶施加轴向力，轴向力通过一根宽度为120mm的钢梁将竖向荷载传递给构件。钢梁放置在现浇带处，并沿着现浇带将构件放置在两个相距120mm的钢墩上，形成两个距离120mm的剪切面。构件的两端通过上部放置的钢梁和地锚进行固定。试验装置如图2.12所示。

图2.12 抗剪试验加载装置

2.2.2.2 加载方案和量测内容

试验开始前，加载顶面和构件地面采用细砂浆找平，并画出构件的中心线与加载装置进行对中。试验开始时，先施加预估破坏荷载20%左右的预加载，检查加载装置和测量仪器是否正常工作。正式加载采用分级加载的形式，直径为8mm的构件每级加载20kN，直径为12mm的构件每级加载30kN，并且每级加载后持荷一至两分钟。在接近预估极限承载力时，采用连续加载直至构件破坏或下降至极限承载力85%时停止加载。

在抗剪试验中，将两个位移计分别布置在靠近剪切面1和2处，试验过程中测量现浇带的竖向位移变化。抗剪构件的测点布置如图2.13所示。

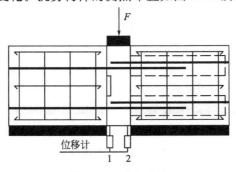

图2.13 测点布置

2.2.3 数据分析

2.2.3.1 试验现象

（1）KJ-1构件的试验现象

当荷载加载到238kN时，构件在剪切面1处下部出现第一条细微裂缝。剪切面裂缝先从上部和下部开始，随着荷载的增加裂缝逐渐明显，并向中部延伸直至形成贯通。接下来，荷载加到344kN时，剪切面处的裂缝继续发展，形成一条斜裂缝，贯穿剪切面1和2，直到加载到390kN时，剪切面裂缝贯穿。当荷载接近420kN时，在剪切面附近的构件表面出现大量裂缝，构件内部出现沙沙的响声，混凝土表面有剥落的趋势。当荷载接近峰值时，剪切面1处裂缝迅速扩展且产生较大位移，随后剪切面2处出现同样开裂，构件破坏，停止加载。构件的峰值荷载为504.5kN，构件的裂缝分布图如图2.14所示。

(a) KJ-1构件正面　　　　　　　　　　(b) KJ-1构件背面

图2.14　KJ-1构件裂缝分布

（2）KJ-2构件的试验现象

构件KJ-2和构件KJ-1的加载初期试验现象基本类似，在加载至260kN左右时，裂缝首先出现在剪切面的上下部，而后向中间延伸并形成贯通。在荷载接近337kN时，在现浇带处由剪切面1引发出一条贯通斜裂缝，并在荷载接近410kN时，由该条裂缝发展成为多条裂缝。当荷载接近峰值时，剪切面1处裂缝扩展并引起该剪切面处混凝土剥落，随后剪切面2处也发生同样破坏，承载力下降，停止加载。构件的峰值荷载为516.5kN，构件的裂缝分布图如图2.15所示。

(a) KJ-2构件正面　　　　　　　　　　(b) KJ-2构件背面

图2.15　KJ-2构件裂缝分布

预制装配式剪力墙结构连接关键技术

（3）KJ-3 构件的试验现象

当荷载加载到 210kN 时，构件在剪切面 1 处下部出现第一条裂缝，裂缝逐渐向剪切面中部延伸。在荷载加载至 330kN 时，剪切面 1 中部向外侧延伸出一条斜裂缝，随着荷载增加裂缝不断扩展，当荷载加载至 678kN 时，剪切面 1 发展出第二条斜裂缝。与此同时，在现浇带下部 300mm 出现一条贯穿剪切面 1 和 2 的裂缝，在加载至 718kN 时在相同位置附近也出现了一条相同的裂缝，混凝土内部出现沙沙的响声。随后位移快速增加，荷载保持不变，出现一段平台期。最终，剪切面 1处裂缝逐渐扩大，裂缝周围混凝土开始剥落，剪切面 2 也出现同样现象，构件破坏，停止加载。构件的峰值荷载为 718.5kN，构件的裂缝分布图如图 2.16 所示。

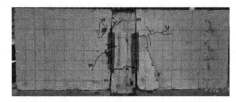 

(a) KJ-3构件正面　　　　　　　　　　　(b) KJ-3构件背面

图 2.16　KJ-3 构件裂缝分布

（4）KJ-4 构件的试验现象

当荷载加载到 90kN 时，在剪切面 1 处下部出现第一条裂缝，该条裂缝在 240kN 时发展到切面中部并贯通。当荷载增加到 360kN 时，在剪切面 2 右侧八边形孔洞位置出现一条竖向裂缝，随着荷载的增加，裂缝周围出现多条竖向裂缝。当荷载施加到 640kN 时，裂缝周围混凝土开始出现剥落，剪切面 1 处的裂缝逐渐开展、变宽，剪切面 2 处出现裂缝。当荷载接近极限荷载时，构件内部传出沙沙的响声，剪切面 1 处混凝土出现错动引起剪切面 2 处混凝土出现滑移，随后结合面下部 250mm 出现一条贯穿剪切面 1 和 2 的水平裂缝，剪切面 2 下部八边形孔洞处大量混凝土剥落，构件破坏。构件的峰值荷载为 819.2kN，构件的裂缝分布图如图 2.17 所示。

 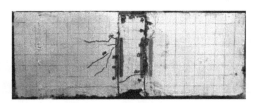

(a) KJ-4构件正面　　　　　　　　　　　(b) KJ-4构件背面

图 2.17　KJ-4 构件裂缝分布

第 2 章　新型竖向浆锚连接搭接试验和抗剪试验

2.2.3.2 破坏现象总结

本次试验的四个试验件的破坏都是沿着剪切面的破坏，构件的破坏大致可以分为三个阶段。

第一阶段，剪切面1处首先开展裂缝，裂缝先从上部和下部开始，随着荷载的增加裂缝逐渐向中部延伸形成贯通。随后，剪切面2出现与剪切面1相似的裂缝。此时，剪切位移不大，且与荷载基本成线性分布。

第二阶段，剪切面裂缝不断扩展、变宽，剪切面处混凝土表面有脱落的趋势。此时剪切位移增加稍快，承载力呈慢速增长状态，而后继续加载至最大承载力，在此区段内有较大的剪切位移。

第三阶段，加载至接近极限承载力时，构件内部混凝土出现沙沙的响声，剪切面1处裂缝开始发展、变宽，并引发剪切面2破坏。破坏过程中，两个剪切面处混凝土剥落，并且在剪切面出现较大位移，结合面下部钢筋处出现一条贯通裂缝，承载力急剧下降，构件破坏。

依据试验的构件破坏现象，对比4组抗剪试验，可以发现其加载过程的现象基本一致，剪切面1处的裂缝发展更为明显，破坏时剪切面的滑移更加明显。从两个剪切面的断裂过程来看，剪切面1处较早出现裂缝，且最先发生破坏，因此剪切面1为最不利截面。这与两个剪切面处的配筋不同有关。

2.2.3.3 数据处理及分析

通过抗剪试验，记录下构件剪切面开裂荷载、结合面贯通斜裂缝开裂荷载、两个剪切面的极限承载力和其对应的位移。当荷载施加到210kN至260kN时，构件在剪切面1处首先产生微小裂缝，可能的原因是在加载初期，剪切面的抗剪主要由混凝土的黏结力承担，此阶段混凝土和钢筋的位移非常小，随着结合面剪力的增大，剪切面处混凝土黏结力产生的抗剪能力达到最大后，混凝土面产生相对滑动，即剪切面位置产生裂缝。并且在剪切面1处的构造为1个抗剪件加4根钢筋，而剪切面2处的构造为8根钢筋无抗剪件，在加载过程中剪切面1处的位移大于剪切面2，所以剪切面1先于剪切面2发生微小裂缝。

当荷载施加到0.8倍峰值荷载时结合面的裂缝贯通，贯通裂缝发生在结合面下部钢筋对应的位置。当施加荷载继续增大，混凝土结合面的滑移不断增大，剪切面1处钢筋首先开始受拉变形，而钢筋的受拉变形大于连接处混凝土变形，这使得钢筋的拉力不断挤压混凝土，由于钢筋与混凝土之间具有黏结力，该区段混凝土会产生摩擦力来平衡钢筋与混凝土之间的滑动。当界面摩擦力大于该处混凝土的开裂荷载时，混凝土出现裂缝。

通过比较表2.9和表2.10的构件峰值荷载可以发现，直径为8mm的两组构件的峰值荷载为 504.5kN 和 516.5kN，直径为 12mm 构件的峰值荷载为 718.5kN 和 819.2kN，直径 12mm 的构件的峰值荷载明显较大，具有更好的抗剪性能。而对比其峰值位移来看，钢筋直径为 8mm 的构件其峰值位移大于钢筋直径为 12mm 的构件，即钢筋直径为 8mm 的构件具有更好的变形能力和延性。

表 2.9　剪切面 1 的试验结果

构件编号	屈服荷载/kN	屈服位移/mm	峰值荷载/kN	峰值位移/mm
KJ-1	398.9	3.6	504.5	6.0
KJ-2	409.5	2.9	516.5	4.5
KJ-3	659.9	1.7	718.5	2.6
KJ-4	709.8	2.2	819.2	4.1

表 2.10　剪切面 2 的试验结果

构件编号	屈服荷载/kN	屈服位移/mm	峰值荷载/kN	峰值位移/mm
KJ-1	372.5	2.2	504.5	3.4
KJ-2	381.7	0.8	516.5	1.6
KJ-3	650.3	1.5	718.5	3.7
KJ-4	712.1	2.1	819.2	3.6

构件 KJ-3 和构件 KJ-4 在破坏时，其峰值荷载存在一些差距，一方面是构件在浇筑过程中混凝土振捣密实的区别，致使预制部分混凝土与现浇部分混凝土的协同工作的性能参差不齐。另一方面，构件在试验加载过程中，构件在接近峰值荷载时采用连续加载，其加载速度的不同也会对试验结果造成影响。

下面给出了抗剪试验的荷载-位移曲线，如图 2.18、图 2.19 所示。

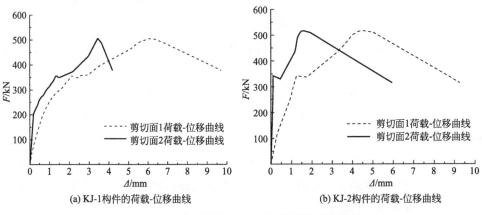

图 2.18　钢筋直径为 8mm 构件的荷载-位移曲线

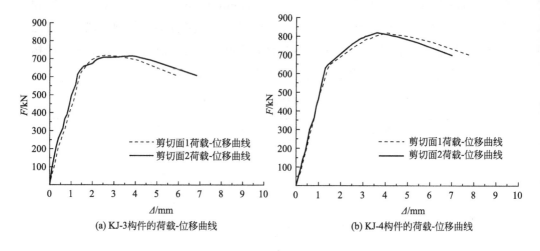

(a) KJ-3构件的荷载-位移曲线　　　　　　　(b) KJ-4构件的荷载-位移曲线

图 2.19　钢筋直径为 12mm 构件的荷载-位移曲线

图 2.18 为钢筋直径 8mm 构件的荷载-位移曲线受力过程，在加载初期，荷载-位移曲线表现为近似弹性段，此阶段主要为混凝土承受剪力。在荷载施加到 350kN 左右时，曲线出现了一段微小的下降段，在此阶段混凝土交界面产生的黏结力达到极限，剪切面处混凝土出现裂缝并发生较大滑移，曲线出现略微下降。随着荷载的继续增加，剪切面的相对滑动引起该处钢筋的受拉变形，而钢筋的拉力使得剪切面两侧的混凝土挤压力不断增大，开裂的混凝土之间产生新的摩擦力来抵抗施加的竖向剪力。此后的上升阶段为混凝土界面的摩擦力和钢筋剪切变形形成的销栓力共同承担剪力。最后，荷载达到峰值点，钢筋进入屈服阶段，界面的摩擦力减小构件破坏。

图 2.19 为钢筋直径为 12mm 构件的荷载-位移曲线，曲线在达到峰值点前只有近似弹性段，由于直径 12mm 的钢筋峰值荷载较大，剪切面混凝土的破坏对构件抗剪承载力的影响较小。在接近峰值荷载时，曲线出现一段较长的平台期，表现出良好的延性。

通过比较图 2.18 和图 2.19 中剪切面 1 和剪切面 2 的荷载-位移曲线，两组曲线的大致形状基本相同，其破坏模式基本相同，由于剪切面 1 处的构造为 1 个抗剪件加 4 根钢筋，而剪切面 2 处的构造为 8 根钢筋无抗剪件，在加载过程中位移增量主要集中于剪切面 1 的位置，构件最先破坏的位置也发生在此处，并且峰值位移较大，所以构件的最薄弱位置为剪切面 1。可以通过提高剪切面 1 的抗剪能力来提高抗剪构件的整体抗剪性能。

预制装配式剪力墙结构连接关键技术

2.3 结论

钢筋的搭接长度是影响新型竖向浆锚连接性能的关键，完成了钢筋直径为8mm、12mm、14mm共9个试件的搭接试验，其中钢筋直径8mm的搭接试件平均屈服荷载为19.9kN，峰值荷载为29.2kN；钢筋直径12mm的搭接试件平均屈服荷载为55.2kN，峰值荷载为72.9kN；钢筋直径14mm的搭接试件平均屈服荷载为84.3kN，峰值荷载为93.3kN，搭接试件的屈服强度和极限强度随着钢筋直径的增大而增大。在整个试验过程中，除DJ-9搭接试件外其余搭接试件的钢筋连接均未出现黏结滑移且均为钢筋拉断引起的破坏，采用规范规定最小搭接长度的新型竖向浆锚连接搭接性能良好，有进一步减小搭接长度的可能。

在钢筋搭接试验的基础上，进行了钢筋直径为8mm、12mm构件的共4个抗剪试验。钢筋直径为8mm的抗剪试件其平均峰值荷载分别为504.5kN和516.5kN，对应平均峰值位移分别为4.7mm和3.1mm，钢筋直径为12mm的抗剪试件其平均峰值荷载分别为718.5kN和819.2kN，对应平均峰值位移分别为3.1mm和3.9mm。试件在受力过程中变形均匀，试件达到极限荷载附近时，荷载下降较为平缓，具有较好的延性，抗剪性能较为优越。在试验过程中，剪切面1在剪切面2之前发生破坏并且在相同荷载作用下剪切面1处的位移较大，剪切面1为最不利截面。

新型竖向浆锚连接的方式为外部预制、中间现浇，符合预制装配式的施工方式。钢筋连接操作简单，只通过后浇混凝土连接，避免了钢筋套筒、螺旋箍筋及灌浆料带来的施工难度，在节约工时的前提下大幅降低工程造价，并且钢筋连接性能可靠，适用于预制装配式混凝土结构的施工建造。

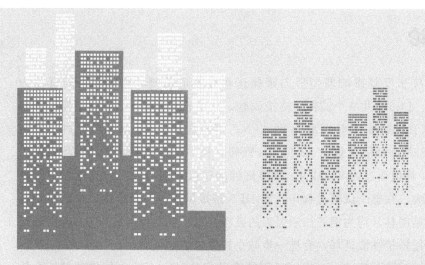

第3章 新型竖向浆锚连接抗剪性能有限元分析

3.1 概述

　　长期以来，人们研究分析钢筋混凝土结构主要使用线弹性理论，并通过求解极限状态的方法来计算结构或构件的极限承载力。这种方法往往无法清楚地知道构件在整个受力过程中不同阶段的受力状态，也无法计算构件在受力过程当中出现的内力重分布的情况。因此，一种能够看到钢筋混凝土结构从弹性变形到结构破坏整个过程的方法应运而生。随着电子计算机技术的不断增强，计算机数值模拟技术得到了巨大的发展，有限元软件对结构的仿真模拟越来越精准。有限元分析作为一种与结构试验互相补充的重要手段，它能够对已完成的试验进行模拟验证，获取结构在受力过程当中各个构件的应力应变状态，得出结构破坏过程中试验较难观察的破坏过程和变形情况，同时有限元分析还可以克服试验构件数量少，构件加工质量引起的误差和构件尺寸的限制等问题。

　　本章在新型竖向浆锚连接抗剪试验的基础上，运用大型通用有限元软件ABAQUS对抗剪试验过程进行模拟分析，并与试验结果进行对比，验证了有限元建模的正确性。通过建立混凝土强度等级为 C30、C40、C50 情况下，钢筋直径为 8mm、10mm、12mm、14mm、16mm 的抗剪模型，并设置相应混凝土强度下的无配筋抗剪模型作为对照组，通过有限元模拟得出各个抗剪模型的屈服荷载、屈服位移、峰值荷载、峰值位移和延性系数，研究混凝土强度、配筋率等对模型抗剪性能的影响，进一步补充和拓展试验得出的结论。

3.2 有限元模型的建立

ABAQUS 有限元软件在建模时没有量纲系统的规定，在建模的过程中需要统一量纲，本章所用的量纲为牛顿（N）和米（m）。为了简化模型计算，所建模型的加载装置及其与构件的接触均简化为约束和边界条件。且考虑到钢筋与混凝土两者之间的变形系数较为接近且根据上一章搭接试验和抗剪试验，钢筋与混凝土之间未出现黏结滑移，抗剪模型中忽略钢筋与混凝土之间的黏结滑移的影响。本章选取编号为 KJ-3 的抗剪构件进行模型验证，其对应的有限元模型编号为 MKJ-3.

3.2.1 混凝土本构

（1）ABAQUS 中混凝土本构模型

ABAQUS 有限元软件内置了三种混凝土本构模型，包括塑性损伤模型、弥散裂缝模型、脆性开裂模型。混凝土弥散裂缝本构模型主要针对单调加载构件，模型采用等强硬化控制材料的受压和受拉行为来模拟混凝土塑性变形。该模型未考虑材料变形的周期性和由材料非弹性应变引起的塑性损伤，比较适用于单调加载的构件。塑性损伤模型为在弥散裂缝本构模型基础上的优化，模型针对混凝土的荷载分析、单调应变、刚度恢复有较好的模拟效果，模型假定材料是由拉伸和压缩造成的破坏，并且考虑了非关联多重硬化指标并引入损伤因子、折减混凝土弹性刚度和矩阵刚度，在破坏过程中能够准确模拟混凝土损伤不可恢复的特点，能较好地体现受力破坏过程。本章选用塑性损伤模型，模拟混凝土塑性损伤对计算结果的影响。

（2）混凝土的损伤准则

ABAQUS 采用 Lee 等[77] 与 Lubliner 等[78] 所提出的混凝土塑性损伤模型。ABAQUS 的混凝土损伤模型引入了两个损伤变量，一个是拉伸损伤，另一个是压缩损伤。当混凝土进入弹塑性阶段，混凝土产生塑性变形，此时损伤模型采用损伤因子 d 和弹性模量 E_0 对模型进一步优化。其关系式如下：

$$E = (1-d)E_0 \tag{3.1}$$

其中损伤因子由能量等效原理[70] 求得，计算公式如下：

$$d = 1 - \left(\frac{\sigma}{E_0 \varepsilon}\right)^{0.5} \tag{3.2}$$

式中，σ 为混凝土的拉（压）应力；ε 为混凝土的拉（压）应变。根据混凝土不同的应力应变关系，可以求出不同混凝土的损伤因子。

（3）混凝土的塑性参数

本章对搭接试验和抗剪试验进行有限元模拟，其中混凝土的应力与应变关系是通过材料性能试验测得。在保证计算结果精度的条件下提高计算模型的收敛速度，膨胀角 α 一般在 15°至 45°之间取值，流动势偏移值 ε 取为 0.1，双轴极限压应力与单轴极限压应力的比值 α_f 取为 1.16，拉伸子午面与压缩子午面上的第二应力不变量的比值 K_c 取 2/3，黏性系数 μ 取 0.001。混凝土损伤参数如表 3.1 所示。

表 3.1　混凝土损伤参数

α	ε	α_f	K_c	μ
30°	0.1	1.16	0.667	0.001

3.2.2　钢筋本构

基于 ABAQUS 有限元模型，对于钢筋的应力应变关系大致有如图 3.1 所示的四种常用模型。

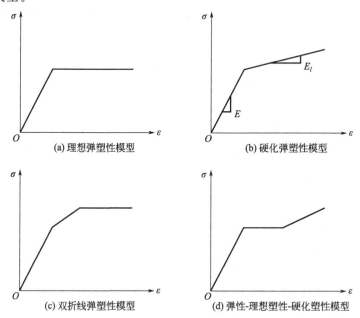

图 3.1　钢筋的应力应变关系模型

预制装配式剪力墙结构连接关键技术

本章选用硬化弹塑性模型，钢筋的抗拉强度与弹性模型取自钢筋材料性能试验的实测值。钢筋的受压与受拉弹性模型相同，屈服后的弹性模量取初始弹性模量的 1%，即 $E_l=0.01E$，E 为初始弹性模量，E_l 为屈服后的弹性模量。

3.2.3　单元选取

本章混凝土材料、钢筋材料、钢板材料均采用三维八节点线性减缩积分实体单元 C3D8R，其中 C 为实体、3D 为三维、8 为 8 个节点、R 为缩减积分单元，此类单元相比于完全积分单元在每一个方向上少用一个积分点，其在弯曲荷载作用下能更好地承受扭曲变形且不易发生剪切自锁反应，计算位移更为精确，同时也能够提高计算的效率。

在抗剪试验中，为了防止构件受到局压破坏，在非剪切区段设置了构造配筋。本章中构造配筋按照线性单元处理，设为三维两节点直线桁架单元 T3D2，既考虑了钢筋只受轴向力可忽略剪切力的受力特点又节约了计算时间。

3.2.4　定义接触和边界条件

在抗剪试验中，底部支墩和上部压梁均未发生移动，可以将边界条件简化为构件非受剪部分的固定端约束，限制了试验件的位移和转动。加载用的加载梁可以简化为一块较大刚度的钢板，钢板与构件的结合面采用 tie 约束，确保钢板与结合面之间没有发生相对位移和转角。在钢板的中心上方设置了参考点 RP-1，将参考点与钢板进行耦合。抗剪模型主要由钢筋承担剪力，忽略钢筋与混凝土之间的黏结滑移。抗剪模型中所有的钢筋用内置的方式嵌入混凝土部分。预制混凝土与现浇混凝土之间考虑界面摩擦力，接触面采用表面与表面接触形式，其切向行为的摩擦公式选择为"罚"，摩擦系数根据王振领[75] 提出的新老混凝土黏结理论取得，本章摩擦系数取 0.7，其法向行为选择为"硬"接触。约束如图 3.2 所示。

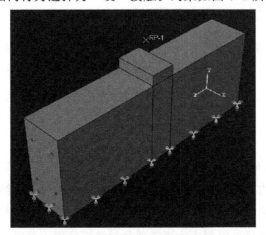

图 3.2　抗剪试验模型的边界条件

3.2.5 网格划分

数值模拟分析中，网格划分的精度对分析结果的收敛性和计算速度有很大的影响。划分网格过大，会导致计算模型不够精确，划分网格过小或者不规则会导致模型计算量过大，计算速度慢，模型难以收敛。本章中为了避免新型竖向浆锚连接特有八边形孔洞处网格生成不均匀的情况发生，将八边形孔洞处构件进行手动切分，以得到均匀网格。如图 3.3 所示。

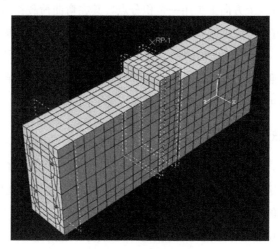

图 3.3　MKJ-1 混凝土网格划分

3.3　试验结果与有限元分析结果对比分析

3.3.1　试验破坏现象与应力云图对比

如图 3.4（a）所示为模型达到极限承载力时构件混凝土的应力云图。当荷载达到极限荷载时应力主要集中在构件的结合面处，并逐渐向下部呈减小的趋势，符合试验时结合面出现贯穿破坏和试验构件最终在剪切面 1 和剪切面 2 处破坏的特征，并且与剪切面 1 与剪切面 2 两侧混凝土分别出现不同程度的滑移与试验得出的现象一致。

如图 3.4（b）所示是现浇混凝土达到极限荷载的应力云图，结合面处的混凝土所受应力大于八边形孔洞处，即现浇混凝土在受力过程中，结合面相比于八边形孔洞部位提前达到承载力极限。并且结合面靠近加载位置的混凝土所受应力大于远离加载端的一侧，即该处混凝土为现浇部分最薄弱位置，可以通过对该部分进行加

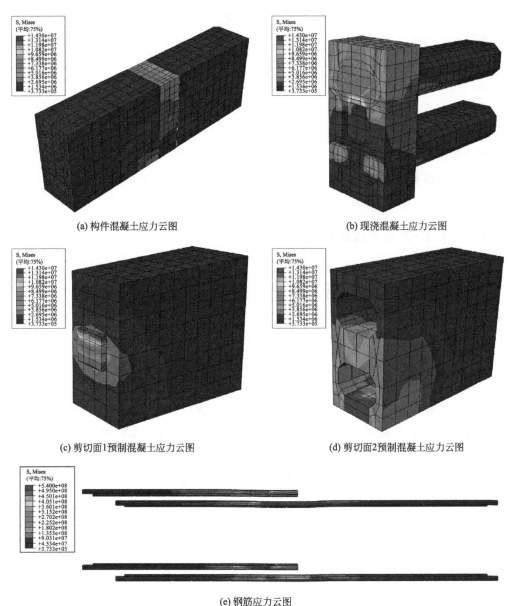

(a) 构件混凝土应力云图　　　　　　　　　　　(b) 现浇混凝土应力云图

(c) 剪切面1预制混凝土应力云图　　　　　　　　(d) 剪切面2预制混凝土应力云图

(e) 钢筋应力云图

图 3.4　抗剪模型的应力云图

强来提高极限抗剪承载力。

　　如图 3.4（c）所示为剪切面 1 处预制混凝土的应力云图，剪切面 1 处抗剪件为应力最为集中的地方，即抗剪件相比于剪切面 1 其他位置能够分担更多的外力，提高剪切面 1 处的极限承载力。从图中还可以看出剪切面 1 处预制部分底部应力较大，与试验时该位置出现较多裂缝的试验现象相一致。

如图 3.4（d）所示为剪切面 2 处预制混凝土的应力云图，该部分受力主要集中在两个八边形孔洞下侧，构件下部混凝土孔洞所受应力更加明显，在 KJ-4 试验过程中其剪切面 2 下部八边形孔洞处出现大量混凝土剥落，符合试验得出的试验现象。

如图 3.4（e）所示为模型达到极限承载力时钢筋的应力云图，在荷载达到峰值时，剪切面 1 和剪切面 2 处钢筋相比与其他位置应力最大，该段钢筋在模型抗剪过程中起主要作用。相比于剪切面 2，剪切面 1 处的钢筋应力较大并且产生较大的剪切变形，即剪切面 1 为模型的最薄弱位置，符合试验中剪切面 1 先发生剪切破坏的结论。

3.3.2 荷载-位移曲线及特征值的对比

目前，有三种常用的求屈服点的方法。

几何作图法：过荷载-位移曲线的最高点 H 向 Y 轴引出一条垂线，与过原点 O 做出的曲线切线相交于 C 点，过交点 C 向 X 轴引出一条垂线并与曲线相交于 D 点，连接 OD 并继续延长与 CH 相交于 A 点，最后过 A 点向 X 轴引出一条垂线与曲线相交，交点命名为 B 点，即所求的屈服点，如图 3.5（a）所示。

能量等值法：过荷载-位移曲线的最高点 H 向 Y 轴引出一条垂线，与过原点 O 做出的曲线相交于 A 点，调节 A 点的位置使得直线 OA 与曲线围成的两块阴影面积相等，最后过 A 点向 X 轴引出一条垂线与曲线相交，交点命名为 B 点，即所求的屈服点，如图 3.5（b）所示。

Park 法：Park 法引入屈服荷载系数 β，通过控制屈服系数来调节屈服点，β 的取值在 0.6~0.8 之间。过 P_{max} 点作平行于 X 轴的直线交曲线于 D 点，连接 OD 并延长至过峰值点 H 所做的水平线于 A 点，最后过 A 点向 X 轴引出一条垂线与曲线相交，交点命名为 B 点，即所求的屈服点，如图 3.5（c）所示。

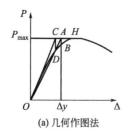 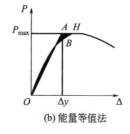 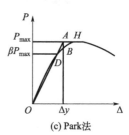

(a) 几何作图法　　　　　　(b) 能量等值法　　　　　　(c) Park法

图 3.5　屈服点确定方法

预制装配式剪力墙结构连接关键技术

图 3.6 所示给出了 KJ-3 抗剪试验和模拟的荷载-位移曲线对比情况，模拟曲线在加载初期的刚度略大于试验构件，主要是因为构件在加工和搬运过程当中已经有一定的损伤积累，而有限元模型在加载初期的弹性阶段没有损伤，因此模拟结果的初始刚度会大于试验结果。模拟结果的极限荷载与试验值近似，且略高于试验结果，这主要是因为有限元模拟中钢筋的本构选

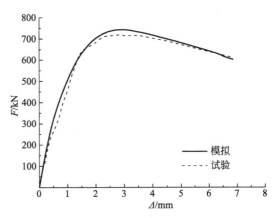

图 3.6 抗剪试验与模拟的荷载-位移曲线对比

取的为硬化塑性模型，不能很好地模拟出试验时钢筋在颈缩后出现的钢筋承载力下降，因此模拟的结果在达到极限承载力后的下降段高于试验模拟的结果。综合来看，模拟曲线与试验曲线大致趋势基本一致，吻合度较高，可见本章的有限元软件建模能够准确地模拟出抗剪试验的结果。

如表 3.2 所示，通过对模拟结果荷载-位移曲线的特征值的整理，并将其与试验结果进行数据对比，表中屈服荷载和屈服位移通过上述能量等值法求得。

表 3.2 试验与模拟结果对比

构件编号	屈服荷载/kN	屈服位移/mm	峰值荷载/kN	峰值位移/mm
KJ-3	654.2	1.6	718.5	2.8
MKJ-3	641.7	1.6	743.1	3.0

如表 3.3 所示为抗剪试验结果特征值与模拟结果特征值的误差百分比，试验与模拟结果的误差均小于 10%，小于钢筋混凝土构件在有限元模拟中误差的最大限制，上述数值建模过程能良好地模拟出抗剪试验的破坏过程，可为下一步抗剪试验有限元模拟的变参数分析提供建模依据。

表 3.3 试验件与模拟件的误差

项目	屈服荷载	屈服位移	峰值荷载	峰值位移
误差/%	1.9	3.1	3.4	5.3

3.4 有限元参数分析

在上一节对抗剪模型模拟验证的基础上，通过模拟在混凝土强度等级为 C30、

C40、C50情况下，不同配筋率对抗剪模型性能的影响。本章选取钢筋直径为8mm、10mm、12mm、14mm、16mm和无配筋有限元模型，根据不同混凝土强度进行编号，抗剪模型的配筋率及其编号，如表3.4所示。其中KJ表示为抗剪模型，0、8、10、12、14、16表示为相应的钢筋直径，1、2、3分别表示为混凝土强度为C30、C40、C50。

表3.4　抗剪模型的配筋率及编号

构件编号	钢筋直径/mm	配筋率/%	混凝土强度等级
KJ-0-1			C30
KJ-0-2	0	0	C40
KJ-0-3			C50
KJ-8-1			C30
KJ-8-2	8	0.2513	C40
KJ-8-3			C50
KJ-10-1			C30
KJ-10-2	10	0.3927	C40
KJ-10-3			C50
KJ-12-1			C30
KJ-12-2	12	0.5655	C40
KJ-12-3			C50
KJ-14-1			C30
KJ-14-2	14	0.7697	C40
KJ-14-3			C50
KJ-16-1			C30
KJ-16-2	16	1.0053	C40
KJ-16-3			C50

3.4.1　C30混凝土强度模型的抗剪性能对比

图3.7所示为采用C30混凝土强度的抗剪模型的荷载-位移曲线。在加载初期，6个有限元模型的荷载-位移曲线基本近似。在此阶段，构件的承载力主要受到混凝土本身的性质影响，钢筋尚未屈服，钢筋的直径大小对界面的承载力影响不大。随着荷载的继续增加，承载力逐渐达到一个稳定值，此时构件内部钢筋达到屈服，承载力上升缓慢而位移增长变快。对比有限元模型KJ-0-1的荷载-位移曲线，可以发现C30混凝

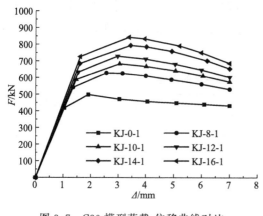

图3.7　C30模型荷载-位移曲线对比

预制装配式剪力墙结构连接关键技术

土强度模型在荷载达到峰值后曲线缓慢下降并未出现明显下降段，此阶段的混凝土与钢筋一起为抗剪模型提供承载力。通过对比六条曲线的峰值荷载和峰值位移，随着配筋率的增大，抗剪模型的峰值荷载、峰值位移及延性也随之增大。综合来看，抗剪模型在加载初期现浇与预制混凝土之间的黏结力起主要抗剪作用，当模型进入屈服后钢筋起主要的抗剪作用。

如表 3.5 所示为采用 C30 混凝土强度的抗剪模型的有限元结果对比分析，在相同混凝土条件下，当配筋率增加，抗剪模型的屈服荷载和峰值荷载也随之增加。相较于 KJ-0-1 构件，KJ-8-1、KJ-10-1、KJ-12-1、KJ-14-1、KJ-16-1 的屈服荷载和峰值荷载分别提高 26.07％和 26.03％、36.95％和 37.15％、47.40％和 46.37％、59.35％和 59.37％、69.13％和 69.20％。

表 3.5　C30 模型模拟结果

构件编号	屈服荷载/kN	屈服位移/mm	峰值荷载/kN	峰值位移/mm	延性系数
KJ-0-1	429.24	1.10	497.88	1.91	3.73
KJ-8-1	541.16	1.35	627.46	2.57	3.90
KJ-10-1	587.85	1.46	682.86	3.04	4.09
KJ-12-1	632.72	1.54	728.76	3.27	4.12
KJ-14-1	683.99	1.59	793.47	3.44	4.17
KJ-16-1	725.98	1.61	842.40	3.59	4.23

3.4.2　C40 混凝土强度模型的抗剪性能对比

图 3.8 所示为采用 C40 混凝土强度的抗剪模型的荷载-位移曲线。其荷载-位移曲线的发展规律与 C30 混凝土强度下的模型相似。当模型 KJ-0-2 在进入屈服后，C40 混凝土强度较 C30 混凝土强度高、刚度大，其变形能力及延性较 C30 混凝土有所降低，由于损伤的积累 KJ-0-2 模型在达到极限承载力后出现明显的下降趋势。这也导致了在 C40 混凝土强度下，有配筋模型在达到峰值荷载后出现微小的下降，而后混凝土所提供抗剪作用逐渐降低，钢筋承担主要抗剪承载力。

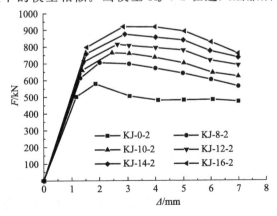

图 3.8　C40 模型荷载-位移曲线对比

如表 3.6 所示为采用 C40 混凝土强度的抗剪模型的有限元结果分析，在相同混凝土条件下，当配筋率增加，抗剪模型的屈服荷载和峰值荷载相应增加，与 C30 混凝土强度下的结论相似。相较于 KJ-0-2 构件，KJ-8-2、KJ-10-2、KJ-12-2、KJ-14-2、KJ-16-2 的屈服荷载和峰值荷载分别提高 22.33% 和 22.42%、31.66% 和 31.82%、41.79% 和 40.57%、51.22% 和 50.91%、58.94% 和 58.68%。

表 3.6　C40 模型模拟结果

构件编号	屈服荷载/kN	屈服位移/mm	峰值荷载/kN	峰值位移/mm	延性系数
KJ-0-2	501.58	1.17	579.68	1.87	3.60
KJ-8-2	613.58	1.32	709.61	2.26	3.71
KJ-10-2	660.37	1.39	764.13	2.46	3.76
KJ-12-2	711.19	1.46	814.84	2.65	3.82
KJ-14-2	758.47	1.54	874.79	2.92	3.89
KJ-16-2	797.20	1.56	919.86	3.06	3.96

3.4.3　C50 混凝土强度模型的抗剪性能对比

图 3.9 所示为采用 C50 混凝土强度的抗剪模型的荷载-位移曲线。其荷载-位移曲线的发展规律与 C40 混凝土强度下的模型相似。在加载初期，抗剪模型由现浇与预制混凝土之间的黏结力起主要作用，当混凝土进入塑性，随着其塑性损伤的积累，无配筋的有限元模型 KJ-0-3 出现明显下降，导致有配筋的有限元模型加载至极限承载力后出现微小下降，下降后由钢筋提供主要的抗剪承载力。通过对比六条曲线的峰值荷载和峰值位移，可以发现随着配筋率的增大，抗剪模型的峰值荷载、峰值位移、延性系数也随着增大。

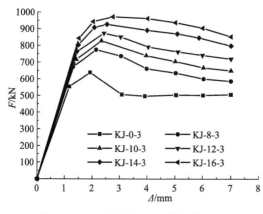

图 3.9　C50 模型荷载-位移曲线对比

如表 3.7 所示为采用 C50 混凝土强度的抗剪模型的有限元结果分析，在相同混凝土条件下，当配筋率增加，抗剪模型的屈服荷载和峰值荷载相应增加，与 C30 混凝土强度下的结论相似。相较于 KJ-0-3 有限元模型，KJ-8-3、KJ-10-3、KJ-12-3、KJ-14-3、KJ-16-3 的屈服荷载和峰值荷载分别提高 21.36% 和 21.25%、29.45% 和 29.74%、38.21% 和 36.75%、45.11% 和 45.04%、52.41% 和 52.06%。

表 3.7 C50 模型模拟结果

构件编号	屈服荷载/kN	屈服位移/mm	峰值荷载/kN	峰值位移/mm	延性系数
KJ-0-3	553.24	1.18	638.66	1.85	3.57
KJ-8-3	671.40	1.30	774.41	2.13	3.63
KJ-10-3	716.18	1.41	828.58	2.33	3.66
KJ-12-3	764.62	1.45	873.38	2.42	3.67
KJ-14-3	802.83	1.48	926.32	2.53	3.71
KJ-16-3	843.20	1.51	971.16	2.75	3.82

3.5 结论

本章针对第 2 章中新型竖向浆锚连接抗剪试验开展了有限元模拟。首先根据抗剪试件 KJ-3 建立 ABAQUS 有限元模型 MKJ-3，详细介绍抗剪模型的材料属性、单元类型、接触设置、边界条件、荷载控制和划分网格等方面，并说明了其选择的依据及原因。随后，通过应力云图与试验试件受力状态、荷载-位移曲线和特征值三个方面进行模拟与试验的对比，确定了该抗剪模型的建模模型。

在此基础上建立混凝土强度等级为 C30、C40、C50 情况下，钢筋直径为 8mm、10mm、12mm、14mm、16mm 的抗剪模型，并设置相应混凝土强度下的无配筋抗剪模型作为对照组，通过有限元模拟得出各个抗剪模型的屈服荷载、屈服位移、峰值荷载、峰值位移和延性系数。相较于无配筋抗剪模型，采用 C30 混凝土强度的抗剪模型 KJ-8-1、KJ-10-1、KJ-12-1、KJ-14-1、KJ-16-1 的屈服荷载和峰值荷载分别提高了 26.07％和 26.03％、36.95％和 37.15％、47.40％和 46.37％、59.35％和 59.37％、69.13％和 69.20％；采用 C40 混凝土强度的抗剪模型 KJ-8-2、KJ-10-2、KJ-12-2、KJ-14-2、KJ-16-2 的屈服荷载和峰值荷载分别提高了 22.33％和 22.42％、31.66％和 31.82％、41.79％和 40.57％、51.22％和 50.91％、58.94％和 58.68％；采用 C50 混凝土强度的抗剪模型 KJ-8-3、KJ-10-3、KJ-12-3、KJ-14-3、KJ-16-3 的屈服荷载和峰值荷载分别提高 21.36％和 21.25％、29.45％和 29.74％、38.21％和 36.75％、45.11％和 45.04％、52.41％和 52.06％。

当混凝土强度等级相同时，抗剪模型的屈服荷载和峰值荷载随着配筋率增加而增大，延性系数随着其增大而减小，延性降低。当配筋率相同时，抗剪模型的屈服荷载和峰值荷载随着混凝土强度等级的增大而增大，延性系数也随之增大，延性提升。

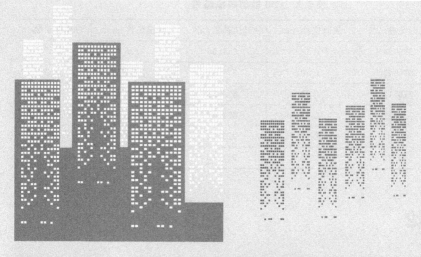

第4章　带水平缝预制装配式剪力墙抗震性能试验

4.1　试验概述

本章对带水平缝的竖向浆锚连接装配式剪力墙的连接方案可行性进行验证。采用1:1剪力墙尺寸进行拟静力试验，研究竖向浆锚连接预制装配式剪力墙与现浇剪力墙相比，其承载能力、破坏过程、裂缝发展情况及滞回耗能能力等特征，为实际工程提供理论依据。

4.1.1　构件设计

本试验设计2片剪力墙构件，构件编号为 SW1 和 PW1，其中，现浇墙为构件 SW1，竖向浆锚连接预制装配式剪力墙为构件 PW1。

轴压比是剪力墙结构设计的重要指标，尤其是延性抗震设计的重要控制指标。因此，根据《混凝土结构设计规范》（GB 50010—2010）[70]、《建筑抗震设计规范》（GB 50011—2010）[79] 及《高层建筑混凝土结构技术规程》（JGJ 3—2010）[80] 等国家标准，设计构件轴压比为 0.1，根据式（4.1）可得各构件轴压力为 400.4kN。

$$n = 1.0 \times \frac{N}{f_c \times A} \tag{4.1}$$

式中 f_c——构件的混凝土轴心抗压强度设计值；

   A——构件的截面面积。

（1）构件 SW1

本次试验构件按 1:1 足尺设计，构件 SW1 的尺寸如图 4.1 所示。构件 SW1 由试验墙体、加载梁和地梁组成，根据《混凝土结构设计规范》（GB 50010—2010）[70] 第 11.7.2 条规定，本构件按一级抗震等级考虑，墙肢截面厚度取为 200mm。为了模拟实际工程中下层剪力墙或者基础，在剪力墙底部设置钢筋混凝土底座。地梁的尺寸为 2400mm×700mm×500mm，此尺寸考虑了与实验室地面连接锚固的位置和加载设备安装高度的要求。加载梁的尺寸 1400mm×400mm×400mm，此尺寸考虑实验室反力墙高度与加载设备前端连接钢板尺寸等。加载梁和地梁的配筋率都应该满足本试验的刚度要求。

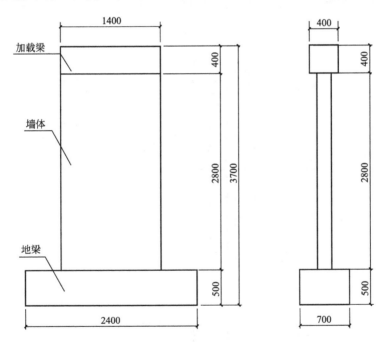

图 4.1   构件 SW1 尺寸示意图

如图 4.2～图 4.4 所示为构件 SW1 的配筋设计图。加载梁、墙体和地梁的混凝土强度设计为 C30，保护层厚度取 20mm。构件按照强剪弱弯设计，根据《建筑抗震设计规范》（GB 50011—2010）[79] 相关规定，剪力墙受拉钢筋设计为 12mm 的三级钢，且分布钢筋设计为 8mm 的三级钢。为了更好观察试验墙体的试验现象，

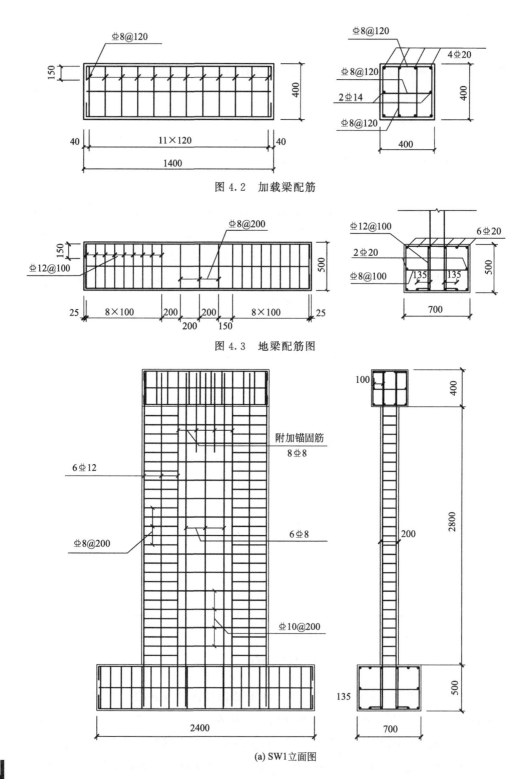

图 4.2　加载梁配筋

图 4.3　地梁配筋图

(a) SW1立面图

预制装配式剪力墙结构连接关键技术

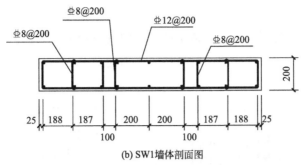

(b) SW1墙体剖面图

图 4.4 构件 SW1 墙体配筋图

增加锚固连接，在墙体与加载梁之间设计 8 根附加锚固钢筋，其长度为 700mm。在试验加载过程中加载梁和地梁不应发生破坏，为提高其刚度，增加它们的配筋率，加载梁选用直径为 20mm 的三级钢（图 4.2），地梁选用直径为 20mm 的三级钢（图 4.3）。

（2）构件 PW1

构件 PW1 为带孔洞的浆锚竖向连接装配式剪力墙，其地梁、墙体和加载梁尺寸与构件 SW1 相同，如图 4.5 所示。预制墙 PW1 的配筋图如图 4.6 所示，构件 PW1 墙内的边缘构件受拉钢筋选用 6 $\underline{\Phi}$ 12，地梁里的受拉插筋 $\underline{\Phi}$ 12 与孔洞里边缘受拉钢筋间接搭接。墙内的分布钢筋选用 6 $\underline{\Phi}$ 8，地梁的分布插筋 $\underline{\Phi}$ 8 与孔洞里的分布钢筋间接搭接。墙内后浇带高度根据实际工程的板厚设计为 120mm。

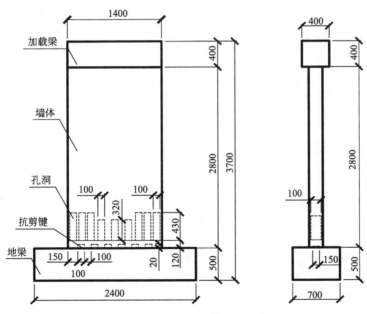

图 4.5 构件 PW1 墙体尺寸示意

第 4 章 带水平缝预制装配式剪力墙抗震性能试验

孔洞长度设计为：$l = l_a = 37d$（l 为孔洞长度，l_a 为锚固长度，d 为钢筋直径），孔洞长度是为保证孔洞内钢筋与地梁插筋之间的搭接锚固长度。为增加新老混凝土结合面的黏结力且简化孔洞的脱模施工，因此孔洞的形状选取八边形，孔洞坡度为 $45°$，宽度为 $100mm$，高度为 $150mm$，如图 4.6（c）所示。构件 PW1 地梁和加载梁配筋，与构件 SW1 相同，如图 4.2、图 4.3 所示。构件 PW1 的预制部分混凝

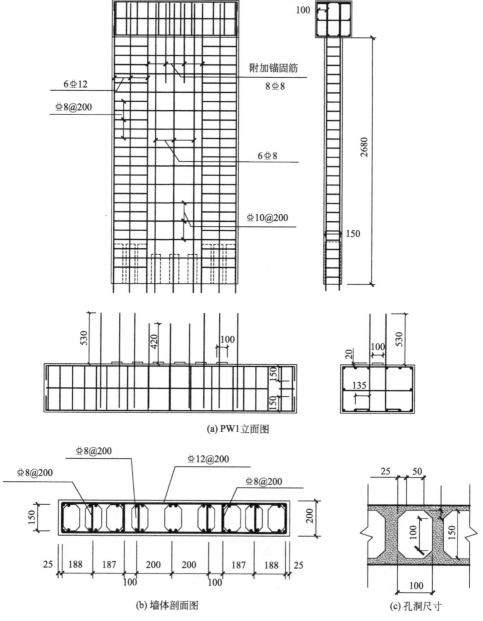

图 4.6　预制构件 PW1 配筋图

预制装配式剪力墙结构连接关键技术

土等级设计为C30，根据钢筋拉拔试验结果，后浇混凝土强度等级与预制部分相同也可以达到钢筋锚固性能要求，设计后浇混凝土强度等级为C30。装配式剪力墙结合面处抗剪能力影响结构整体性能与抗震性能，为增强装配式剪力墙结合面的受剪性能，在地梁与后浇带的结合面处设置一个抗剪键，其尺寸为100mm×100mm×20mm（图4.6）。

4.1.2 构件制作

根据设计的构件SW1和构件PW1尺寸制作模板，墙体、加载梁和地梁的模板均采用木模板。构件SW1钢筋整体绑扎，将绑扎好的钢筋笼放入木模板中（图4.7）；构件PW1分两部分绑扎，先绑扎加载梁与墙体的钢筋笼，然后将墙体的受拉钢筋和分布钢筋插入八边形钢模中，地梁的钢筋笼和插筋绑扎在一起（图4.8）；在构件SW1和构件PW1钢筋上对应变测点进行定位再粘贴应变片。待应变片粘贴完毕后，放置垫块在钢筋笼底下，保证混凝土保护层厚度为20mm。浇筑混凝土之前，将所有导线编号并用塑料袋将导线端头包裹，防止浇筑过程中导线进水。

图4.7 构件SW1的钢筋笼

浇筑混凝土时，用振捣棒进行快速振捣，浇筑完成后进行墙体、加载梁和地梁表面抹平。第一次浇筑混凝土时，现浇墙SW1的加载梁、墙体和地梁整体浇筑（图4.9）；预制墙PW1的加载梁和墙体整体浇筑，并且在墙体上留有个出气口，用于检查装配式墙体孔洞内是否灌满混凝土，地梁单独浇筑；在构件PW1预制部分混凝土初凝之后，将墙体的钢模进行脱模处理。养护28天之后，将构件PW1进行拼装，将地梁的插筋插入预留的孔洞中，且在地梁与墙体之间留有120mm的后浇带（图4.10）；拼装之后，从后浇带内浇筑混凝土，待出气孔有混凝土溢出，停止浇筑，之后进行后浇带抹平。

为制作混凝土立方体标准试块，每一批次的混凝土试块留有3个。每一批试块浇筑完成，均进行7天的浇水养护，之后再进行21天自然养护，待第二批浇筑的混凝土养护达到28天后，将养护好的构件运送到沈阳建筑大学结构试验室开展试验。

(a) 构件PW1的钢筋笼

(b) 构件PW1的地梁钢筋笼

(c) 构件PW1的墙体孔洞钢筋笼

图 4.8　构件 PW1 的钢筋笼

图 4.9　SW1 构件浇筑

预制装配式剪力墙结构连接关键技术

(b) 水平接缝

(c) 插筋位置

(a) 带水平缝的预制墙

图 4.10　PW1 构件装配

4.2　材料力学性能

4.2.1　钢筋

本试验在墙体中选取直径分别为 8mm、12mm 的 HRB400 级钢筋，每种规格的钢筋在绑扎时预留 3 个标准构件，用来测量钢筋的力学参数，构件在沈阳建筑大学万能试验机上进行钢筋的拉伸试验，如图 4.11 所示。

图 4.11　钢筋拉伸试验

表 4.1 列出了极限强度 f_u 和钢筋屈服强度 f_y 的实测值，弹性模量为 $E_s = 2.0 \times 10^{-6}$ MPa，选取三组钢筋拉伸试验的平均值。

表 4.1　钢筋的材料力学性能

d/mm	A/mm²	f_y/MPa	f_u/MPa	$E_s/10^{-6}$ MPa
Φ 8	50.3	384.5	556.8	2.0
Φ 12	113.1	412.1	668.0	2.0

4.2.2　混凝土

本试验构件分两批次浇筑混凝土，第一批次为构件 SW1 和构件 PW1 预制部分，第二批次为预留孔洞和后浇带部分。对同批次浇筑构件的每一强度混凝土性能参数进行测试。在与试验构件相同条件下养护，预制混凝土和后浇混凝土各预留 3 个 100mm×100mm×100mm 混凝土立方体试块。立方体试块的轴心受压试验图如图 4.12 所示。混凝土试块试验结果见表 4.2。

图 4.12　混凝土试块抗压试验

表 4.2　混凝土的材料力学性能

混凝土类型	编号	抗压强度/MPa	抗压强度平均值/MPa
预制混凝土	YZ-1	43.1	41.9
	YZ-2	42.1	
	YZ-3	40.5	
现浇混凝土	SZ-1	51.7	51.6
	SZ-2	51.4	
	SZ-3	51.8	

预制装配式剪力墙结构连接关键技术

4.3 加载装置及加载方案

根据试验室条件设计加载装置，加载装置示意图如图4.13所示，图4.14所示为试验现场照片。加载装置选用100t液压千斤顶施加轴力，将轴压力通过分配钢梁均匀传递到墙体。采用300t液压千斤顶施加往复水平力，其他装置有反力架、滑板、分配钢梁、荷载传感器、油泵、压梁等。水平千斤顶前端与液压千斤顶连接，端板用四根拉杆固定于构件混凝土加载梁两端。为保证在加载过程中施加在构件上的轴力始终竖直向下，在竖向千斤顶上设有滑动小车；在试验件上放置分配钢梁，使竖向轴力得到均匀分配；构件通过压梁锚固在试验室台座上，以防止构件发生水平移动。

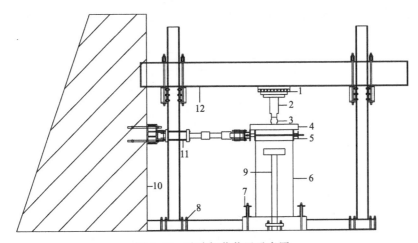

图4.13 试验加载装置示意图

1—滑动支座；2—竖向千斤顶；3—静态传感器；4—分配钢梁；5—水平连接装置；6—试件；
7—压梁；8—地锚螺栓；9—侧向支撑；10—反力墙；11—水平作动器；12—反力梁

图4.14 试验现场照片

本次剪力墙拟静力试验采用的是力-位移控制加载。试验开始时，构件的刚度较大，采用力控制加载，当构件逐渐出现了刚度退化现象时，即构件进入弹塑性阶段，可改由位移控制加载。水平力下降至最大水平力的85%以下或者水平位移足够大时，试验结束。

4.4 测量内容及测点布置

4.4.1 钢筋应变片布置

用应变片测量钢筋的应变，且根据应变片的应变变化判断钢筋是否屈服。应变片布置在墙体的受拉钢筋和分布钢筋上。图4.15、图4.16所示为构件应变片的位

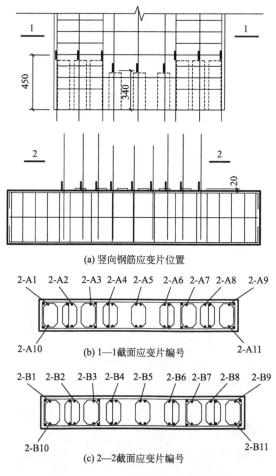

(a) 竖向钢筋应变片位置

2-A1 2-A2 2-A3 2-A4 2-A5 2-A6 2-A7 2-A8 2-A9

2-A10   (b) 1—1截面应变片编号   2-A11

2-B1 2-B2 2-B3 2-B4 2-B5 2-B6 2-B7 2-B8 2-B9

2-B10   (c) 2—2截面应变片编号   2-B11

图4.15　PW1应变片位置及编号图

预制装配式剪力墙结构连接关键技术

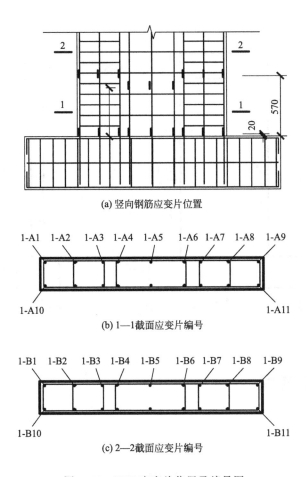

(a) 竖向钢筋应变片位置

1-A1 1-A2 1-A3 1-A4 1-A5 1-A6 1-A7 1-A8 1-A9

1-A10   1-A11

(b) 1—1截面应变片编号

1-B1 1-B2 1-B3 1-B4 1-B5 1-B6 1-B7 1-B8 1-B9

1-B10   1-B11

(c) 2—2截面应变片编号

图 4.16　SW1 应变片位置及编号图

置与编号。构件 PW1 在距地梁顶面 20mm 高度位置布置应变片；为确定孔洞上方插筋应力传递效果，在距地梁顶 570mm 和 460mm 孔洞上方设置钢筋应变片。构件 SW1 的钢筋应变片布置位置与构件 PW1 相同。

4.4.2　位移计布置

位移计是测量构件在往复水平荷载作用下变形能力的一种器材，在墙体的一侧依次布置 6 个位移计，两个墙体的位移计布置相同，在加载梁的中线位置布置了最高的位移计，距地面 3500mm（后文介绍的荷载-位移曲线为该点位移计测量值）。距地面 250mm 处布置位移计测量地梁是否发生平动，为确定最高位移计测量值的准确性。位移计布置的具体位置如图 4.17 所示。

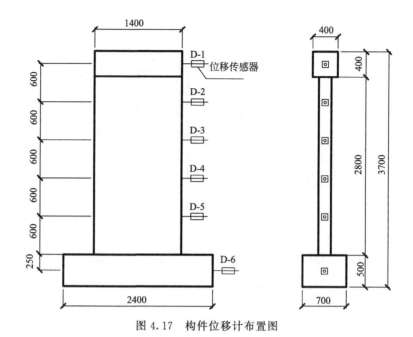

图 4.17　构件位移计布置图

4.5　试验过程

4.5.1　现浇墙

现浇墙 SW1 的轴压力为 400.4kN，在试验过程中竖向轴力保持不变；水平作动器施加往复力，本试验采用力-位移加载，首先采用力控制加载，每级荷载循环一次，分别为 50kN、100kN、150kN、200kN；然后为位移控制加载，位移为 5mm、10mm、15mm、20mm、25mm、30mm、35mm、40mm、50mm、60mm、70mm，其中每级荷载均循环两次的是 10mm、15mm、20mm、25mm、30mm、35mm、40mm、50mm、60mm、70mm，共二十一次循环。所有加载共二十五次循环，加载步骤图见图 4.18。

为方便描述试验现象，在描述试验现象时，面向数据采集仪器的墙面称为墙体正面，则另一面称为墙体背面，以墙体正面为主要描述面；在正向墙体施加的水平推力为＋循环，在正向墙体施加的水平拉力为-循环。构件 PW1 与构件 SW1 描述相同。

为确保试验设备和数据采集仪器都能正常工作，首先对构件进行预加载。使用竖向千斤顶对构件施加竖向荷载 400.4kN，同时观察竖向千斤顶是否正常工作，

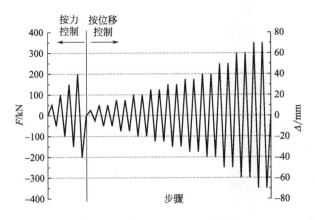

图 4.18　构件 SW1 加载步骤图

且对构件进行物理居中。之后，在加载梁上施加水平往复荷载，施加的力大小为15kN、30kN，且每一级为 2 个循环，观察水平作动器是否运转正常，滑动小车是否能滑动，滞回曲线是否呈线性分布，一切设备均调整完善，构件可以正式加载。

正式加载按图 4.18 所示的加载步骤加载。第1、2 循环中，墙体无裂缝出现。第－3 循环，水平力为－140kN 时，墙体在距地面 550mm 处出现第 1道裂缝（图 4.19）。第＋4 循环时，墙体原有的裂缝延长，并伴随开裂的响声。第 5 循环按位移加载，加载过程中，墙体与地梁的界面处出现裂缝，此时距墙底 500mm 处出现多条水平裂缝，构件的受拉区的最外侧竖向钢筋屈服。

第 6、7 循环，墙体出现大量新的水平裂缝，高度分别为 280mm、550mm、800mm、1200mm，并伴随墙体开裂的响声。已有的水平裂缝斜向发展，大致呈 45°，构件的受拉区的内侧受拉钢筋也屈服。

图 4.19　第一条裂缝位置

第 8、9 循环（水平位移 15mm），墙体裂缝继续斜向发展，两侧裂缝有交叉趋势，550mm 处裂缝宽度达 0.7mm，同时墙角出现裂缝。在－9 循环时，地梁与墙体后浇带结合面处裂缝延伸，裂缝宽度达到0.75mm，墙角开始出现竖裂缝。

第 10、11 循环（水平位移 20mm），地梁与墙体的结合面宽度增大，距墙体截面 800～900mm 处出现新裂缝，其他水平裂缝继续斜向发展。墙角竖向裂缝延伸，

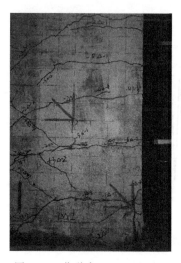

图 4.20　位移角 1/100 时正面
右侧裂缝分布

裂缝宽度增大。

第 12、13 循环（水平位移 25mm），墙体正面仍有大量细小裂缝出现，距墙底 1050mm 处出现水平裂缝，长度为 510mm。

第 14、15 循环（水平位移 30mm）位移角为 1/100。距墙底截面 20～30mm 处裂缝较多，此时墙角竖裂缝继续增加，墙体角部有少许混凝土受压脱落，水平力进入持平段（图 4.20）。

第 16、17 循环底部仍有少量竖向裂缝生成，底部边缘混凝土保护层部分脱落。第 18、19 循环（水平位移 40mm），构件 SW1 承载力基本保持不变，不再有新的斜裂缝出现，墙角混凝土继续脱落。

第 20、21 循环（水平位移 50mm）位移角达到 1/60，墙角混凝土脱落严重，墙体两边最外侧钢筋开始露出，距地梁 250mm 的裂缝宽度达到 3mm，其他斜裂缝的宽度也在增加。

第 22、23 循环（水平位移 60mm）位移角达到 1/50，墙体底部两侧边缘的混凝土脱落严重，且墙角压溃严重，暴露的边缘纵筋被压曲鼓出，主要裂缝宽达 2～3mm。此时墙体承载力基本没有下降。

第 24、25 循环（水平位移 70mm），位移角接近 1/40，−24 循环时，左侧最外侧边缘钢筋已拉弯。+24 循环时，水平力降至最高值的 90%，主要裂缝的宽度达到 3～6mm，两端的混凝土压溃，边缘钢筋已拉弯，水平位移足够大，试验结束。

构件 SW1 的破坏形态为压弯破坏，受拉区的竖向钢筋和竖向分布钢筋受拉弯曲，墙角混凝土压溃剥落。构件 SW1 主要裂缝为水平裂缝，裂缝在 1500mm 以下分布较均匀。图 4.21 为构件 SW1 正面破坏后照片，图 4.22 为构件 SW1 背面破坏后照片。

4.5.2　带水平缝预制装配式剪力墙

构件 PW1 的轴压力为 400.4kN，在试验过程中竖向轴力保持不变；水平作动器施加往复力，本试验采用力-位移加载，首先采用力控制加载，每级荷载循环一次，50kN、100kN、150kN、200kN，然后为位移控制加载，位移为 8mm、16mm、24mm、32mm、40mm、48mm、56mm、64mm，其中每级荷载均循环两次的是 16mm、24mm、32mm、40mm、48mm、56mm，共十四次循环。所有加载共十八次循环，加载步骤图如图 4.23 所示。

预制装配式剪力墙结构连接关键技术

(b) 左侧墙底混凝土压溃

(c) 右侧墙底混凝土压溃

(a) 正面裂缝分布

图 4.21　构件 SW1 正面破坏后照片

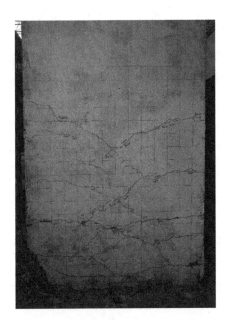

(b) 左侧墙底混凝土压溃

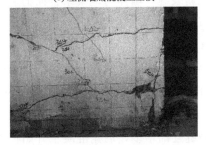

(c) 右侧墙底混凝土压溃

(a) 背面裂缝分布

图 4.22　构件 SW1 背面破坏后照片

第 4 章　带水平缝预制装配式剪力墙抗震性能试验

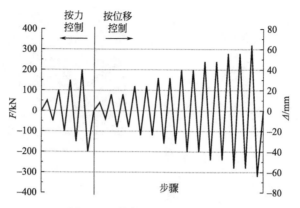

图 4.23　构件 PW1 加载步骤图

构件 PW1 预载与构件 SW1 相同。正式加载按图 4.23 的加载步骤加载，第−2 循环时墙体距地梁高 550mm 处受拉区出现第一条裂缝，第一条裂缝分布图如图 4.24 所示。第 3 循环时墙体已出现的水平裂缝开始延伸，第 4 循环时，在距地梁

图 4.24　墙体右侧第一条裂缝

350mm、150mm 处出现多条新裂缝，受拉区最外侧钢筋屈服。

第 5、6 循环，墙体在距地梁 1250mm 处出现新裂缝。−6 循环时，墙体与地梁的结合面处出现新裂缝，裂缝长度为 300mm，并伴随墙体底部开裂的响声。此时墙体已有水平裂缝开始沿 45°斜向发展，其中距地梁 550mm 处的水平裂缝发展 600mm 之后，形成距地梁 450mm 的水平裂缝。

第 7、8 循环，距地梁 120mm、1050mm 处出现新裂缝，墙体与地梁结合面的裂缝延伸至墙体中部，在距地梁 550mm 处的裂缝宽度继续增加，墙体其他裂缝有呈 45°交叉的趋势，此时墙体承载力开始持平。

第 9、10 循环，墙体与地梁结合面的两边裂缝已经贯通。距地梁 550mm 处的裂缝开始微微掉渣，左侧墙角出现新的斜裂缝（图 4.25）。第 11、12 循环，距地梁 550mm 处的裂缝有混凝土脱落（图 4.26），距地梁 11mm 处出现竖向裂缝，且竖向裂缝逐渐增多，墙角混凝土开始掉渣。

第 13、14 循环（水平位移 40mm）位移角为 1/75，墙角两侧混凝土从 120mm 以下微微隆起，两边墙角混凝土脱落，并伴随墙体脱落的响声，墙体两边最外侧插筋开始露出，＋14 循环时墙角处的受压区外侧插筋拉弯。

预制装配式剪力墙结构连接关键技术

图 4.25　左侧墙角斜裂缝

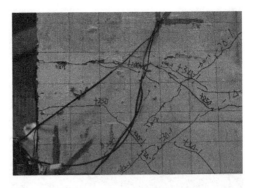
图 4.26　距地梁 550mm 处裂缝混凝土脱落

第 15、16 循环（水平位移 48mm），受压区混凝土大面积脱落，墙体右边露出两根钢筋，墙体外侧两根地梁插筋拉弯，距底部 48mm 处的裂缝宽度将近 2mm。

第 17、18 循环（水平位移 56mm），距墙底 120mm 处混凝土开裂至中部，+18 循环时，此时听到一声巨响，墙体右边最外侧的受拉钢筋受拉拉断（图 4.27），墙角两侧混凝土大部分脱落，墙体距地梁 120mm 处的裂缝宽度达到 4mm。

第 19 循环（水平位移 64mm）位移角接近 1/45，听到第二声巨响，受拉区左侧钢筋受拉拉断（图 4.28），同时墙体距地梁 120mm 处的裂缝达到 4mm，后浇层处全部开裂，距地梁 120mm 处混凝土保护层脱落，水平力降至最高值的 85%，试验结束。

图 4.27　右侧钢筋拉断

图 4.28　左侧钢筋拉断

构件 PW1 的破坏形态为弯破坏，连接插筋受拉弯曲，墙角混凝土压溃剥落。构件 PW1 主要裂缝为墙体与后浇带结合面水平裂缝，裂缝在 1500mm 以下分布较均匀。图 4.29 所示为构件正面破坏后照片，图 4.30 为构件背面破坏后照片。

第 4 章　带水平缝预制装配式剪力墙抗震性能试验

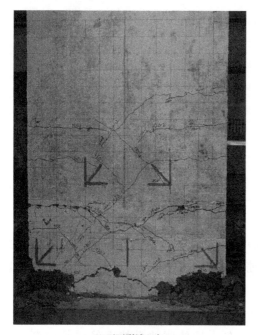

(b) 左侧墙底混凝土压溃

(a) 正面裂缝分布

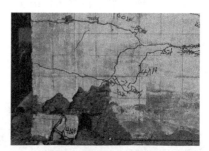

(c) 右侧墙底混凝土压溃

图 4.29　构件 PW1 正面破坏后照片

(b) 左侧墙底混凝土压溃

(a) 背面裂缝分布

(c) 右侧墙底混凝土压溃

图 4.30　构件 PW1 背面破坏后照片

预制装配式剪力墙结构连接关键技术

4.6 试验结果分析

4.6.1 滞回曲线

滞回曲线是指结构在水平往复荷载作用下得到的荷载-位移曲线。它能够反映在承受地震力时结构的变形、能量消耗及刚度退化等情况，是确定抗震性能参数的重要依据。滞回环（滞回曲线所包围的面积）直接反映结构的耗能性能，滞回环所包围的面积越大，即结构的耗能能力越好，抗震性能越好；反之滞回环面积越小，则结构的耗能能力越差，抗震性能越差。

滞回环可根据其饱满程度和形状差异分为梭形、弓形、反S形、Z形[56] 四种，如图4.31所示。滞回环的不同形状反映结构的不同破坏状态：梭形曲线饱满，一般反映的是正截面破坏，耗能能力最好；弓形曲线反映出结构存在一定的滑移，有"捏缩"效应，耗能能力一般；反S形曲线不饱满，反映更多的滑移影响，即该结构的延性和抗震性能较差，剪力墙结构一般属于反S形曲线；Z形曲线滞回环面积较小，它反映大量的滑移，耗能最差。在地震荷载作用下，大多数构件可能经历多种类型的曲线，一般在加载初期构件耗能较好，滞回环表现为梭形，随着荷载和往复次数的增加逐渐变为较为丰满的反S形，滞回曲线呈现出"捏缩"的现象，主要是因为锚固钢筋黏结滑移达到一定的程度造成的。

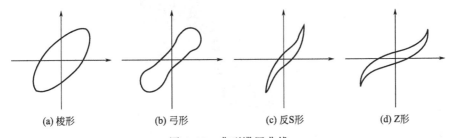

(a) 梭形   (b) 弓形   (c) 反S形   (d) Z形

图4.31　典型滞回曲线

滞回曲线选取距离试验室地面3500mm处的位移计采集的数据，现浇墙SW1和竖向浆锚连接装配式剪力墙PW1的荷载-位移滞回曲线如图4.32所示。

① 从构件SW1的荷载-位移曲线可以得出：加载初期，荷载-位移曲线围成的面积比较小；由于位移的增加，滞回曲线的滞回环的面积逐渐增大；滞回曲线饱满，承载力能维持较长的水平段，在其破坏前极限承载能力基本不下降，即构件具有较好的延性；构件SW1在正、反加载时基本对称，表明其正、反向抗侧刚度基本相同。

第4章　带水平缝预制装配式剪力墙抗震性能试验

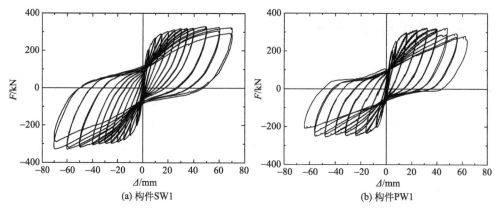

| (a) 构件SW1 | (b) 构件PW1 |

图 4.32　各个构件滞回曲线

② 从构件 PW1 的荷载-位移曲线可以得出：滞回曲线饱满，承载力能维持一定长度的水平段，即具有较好的延性；但是在达到峰值承载力后，下一级滞回环的承载力立刻下降至 90%，此时裂缝开展较为充分，宏观上，后浇带混凝土脱落严重且最右外侧受拉区连接插筋受拉拉断，表明构件后期耗能较差；在最后一个滞回环时，受拉区最左侧插筋受拉拉断，承载力下降至 85%；构件 PW1 正向加载的承载力高于负向加载承载力，即两侧抗侧刚度不同。

构件 SW1 与构件 PW1 滞回曲线对比如图 4.33 所示。

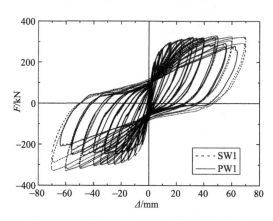

图 4.33　构件 SW1 与 PW1 滞回曲线对比

① 构件 SW1 与构件 PW1 在弹性阶段，滞回环基本重合；构件进入屈服后，构件 PW1 的滞回环面积略小于构件 SW1，在达到峰值荷载时，构件 PW1 的滞回环明显小于构件 SW1，构件 PW1 后期耗能比构件 SW1 差。

② 构件 SW1 与构件 PW1 的滞回曲线呈反 S 型，捏拢明显，构件 PW1 的滞回曲线与构件 SW1 相似，抗震性能相近。

预制装配式剪力墙结构连接关键技术

4.6.2 骨架曲线

荷载-位移骨架曲线是指滞回曲线中所有荷载的峰值点连接起来的包络线，它可以反映出在地震作用下结构的开裂荷载、开裂位移、刚度和延性等性能，是定性的衡量结构或构件抗震性能的重要依据。各构件的顶点水平荷载-位移骨架曲线如图 4.34 所示。

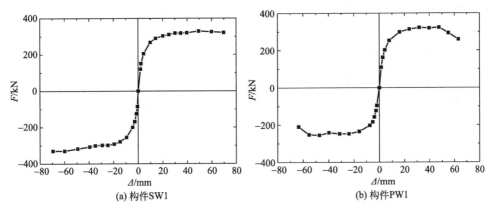

图 4.34　各个构件骨架曲线

① 构件 SW1 与构件 PW1 均在开裂前基本上呈直线段上升，在位移角达到 1/120 时之前，两个构件均能保持一段平稳延伸，达到极限荷载后，构件 SW1 几乎没有下降，而构件 PW1 下降缓慢。

② 由于构件 PW1 的后浇孔洞内混凝土不够密实，随着水平位移的增加，左侧孔洞内的竖向钢筋发生滑移，使其承载力降低，导致了构件 PW1 正反方向承载力相差较大。

构件 SW1 与构件 PW1 骨架曲线对比如图 4.35 所示。

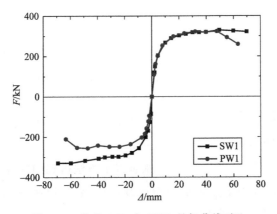

图 4.35　构件 SW1 与 PW1 骨架曲线对比

① 在构件开裂前，两个构件均处于弹性阶段，且在直线段基本重合，即竖向浆锚连接装配式剪力墙表现为整截面受力，其刚度与现浇钢筋混凝土剪力墙基本相当；随着墙体斜裂缝的出现，构件的刚度逐渐降低。

② 构件 PW1 的峰值承载力略低于构件 SW1，在正向加载时构件 PW1 骨架曲线基本与构件 SW1 重合，但在反向加载时，峰值荷载和极限荷载相差较大，连接插筋在孔洞内发生了钢筋的滑移，主要原因是孔洞内混凝土不密实和在工地上制作的构件存在初始缺陷；因此，在浇筑后浇混凝土时，应考虑后浇混凝土的密实性。

③ 在位移角将近达到 1/55 时，宏观现象是受拉区钢筋拉弯明显；位移角达到 1/50 时，受拉区最外端连接插筋受拉拉断，此时骨架曲线的承载力下降；在设计竖向浆锚连接装配式剪力墙连接构造时，应考虑装配式剪力墙受拉区连接插筋的直径。

4.6.3　承载能力

理想的荷载-位移曲线具有准确的屈服点和极限点，但在钢筋混凝土构件的曲线上，没有准确的屈服点和极限点。目前，确定屈服点常用的方法有[81,82]：①几何作图法；②受拉主筋应变法；③能量等值法。确定极限点的现有方法有：①取最大承载力下降 15% 的点；②取混凝土达极限压应变值 $\varepsilon_u = 3 \times 10^{-3} \sim 4 \times 10^{-3}$。

本书采用以下两种方法确定构件的屈服位移 Δ_y 和屈服荷载 F_y。

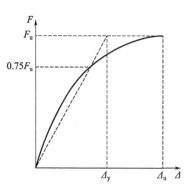

图 4.36　屈服位移确定

（1）《建筑抗震试验规程》（JGJ/T 101—2015）[81] 的提出方法，即在加载过程中，构件受拉区主筋达到屈服应变时的顶点位移为 Δ_y，相对应的荷载为 F_y。

（2）FEMA273 规范[82] 的建议方法，即屈服荷载 F_y 取构件峰值荷载 F_u 的 85%，连接原点与骨架曲线上的 $0.75F_u$ 点，并延伸至 $F = F_u$ 的水平线，二者交点对应的位移为 Δ_y，如图 4.36 所示。

根据以上方法得到的构件在各个特征阶段的试验数据见表 4.3，其中 F_{cr} 表示开裂荷载，F_y 表示屈服荷载，F_p 表示峰值荷载，F_u 表示极限荷载，单位 kN。

表 4.3 构件的承载能力

构件编号	加载方向	开裂点 F_{cr}/kN	屈服点 方法(1) $F_{y(1)}/kN$	屈服点 方法(2) $F_{y(2)}/kN$	峰值点 F_p/kN	极限点 F_u/kN
SW1	正向	150	251.3	284.6	329.4	321.5
SW1	反向	140	223.1	283.9	330.4	329.4
SW1	平均	145	237.2	284.3	329.9	325.5
PW1	正向	145	221.4	272.2	323.7	260
PW1	反向	100	192.7	219.6	255	210
PW1	平均	123	207.1	245.9	289.4	235

① 构件的开裂荷载定义为在构件上观察到出现第一条裂缝；构件 SW1 正反向开裂荷载相差较小，而构件 PW1 的正反向开裂荷载相差较大，但两个构件的平均开裂荷载相差较小。

② 两个方法计算的构件 SW1 与构件 PW1 屈服荷载、峰值荷载相差较小，即在达到峰值荷载前两个构件受力性能相近；通过构件 SW1 和构件 PW1 的破坏现象也可知两个构件的受力性能相似，也即竖向浆锚连接装配式剪力墙的后浇部分对构件 PW1 峰值荷载前期影响较小；两个构件的极限荷载相差较大，超过 20%，即后浇带对装配式剪力墙的承载力后期影响较大。

③ 构件 SW1 比构件 PW1 的极限荷载高 14.0%，宏观上，此时构件后浇带上下结合面贯通，有混凝土脱落，地梁外侧插筋压弯，即后浇带的结合面和受拉区连接插筋主要影响构件 PW1 后期荷载。

4.6.4 各阶段构件变形分析

各构件的变形与位移角汇总见表 4.4，顶点高度为位移计测试点至墙底的距离，即 $H=3000mm$，位移角 $\theta=\Delta/H$。其中开裂位移（Δ_{cr}），屈服位移（Δ_y），峰值位移（Δ_p），极限位移（Δ_u），开裂位移角（θ_{cr}），屈服位移角（θ_y），峰值位移角（θ_p），极限位移角（θ_u）如表 4.4 所示。

表 4.4 构件各阶段的变形和位移角

构件编号	加载方向	开裂点 Δ_{cr} /mm	开裂点 θ_{cr}	屈服点 方法(1) Δ_y /mm	屈服点 方法(1) θ_y	屈服点 方法(2) Δ_y /mm	屈服点 方法(2) θ_y	峰值点 Δ_p /mm	峰值点 θ_p	极限点 Δ_u /mm	极限点 θ_u
SW1	正向	4.5	1/664	10.1	1/370	13.1	1/229	49.5	1/60	69.8	1/43
SW1	反向	3.9	1/759	8.4	1/469	16.7	1/179	59.9	1/50	69.4	1/43
SW1	平均	4.2	1/708	9.3	1/414	14.9	1/201	54.7	1/55	69.6	1/43
PW1	正向	4.2	1/714	7.8	1/563	11.1	1/270	47.6	1/63	63.3	1/47
PW1	反向	2.4	1/1250	10.6	1/348	11.8	1/254	47.2	1/64	63.5	1/47
PW1	平均	3.3	1/909	9.2	1/430	11.5	1/262	47.4	1/63	63.4	1/47

73

本书极限位移 Δ_u 选取荷载下降至峰值荷载 85％时或因构件变形太大基于安全不适合继续加载而终止试验时的位移。

① 构件 PW1 比构件 SW1 的开裂位移小 21％,且其屈服位移和峰值位移都较构件 SW1 小,构件 PW1 的峰值位移较构件 SW1 小 15.9％。

② 两个构件的极限位移接近,相差较小。即构件 PW1 的结合面和插筋对极限位移影响较小。

③ 两个构件的极限位移角均大于《建筑抗震设计规范》(GB 50011—2010)[79] 规定的弹塑性层间位移角限值 1/120,即竖向浆锚连接装配式剪力墙的抗震能力能够满足规范[79] 的要求。

4.6.5 延性

延性是指结构进入弹塑性阶段后在强度和刚度没有退化的条件下结构具备的变形能力。延性不但考虑了塑性铰长度和曲率大小,还考虑了构件和结构的长度,本书主要采用位移延性系数比较延性性能。位移延性系数的定义表达式为:

$$u = \frac{\Delta_u}{\Delta_y} \tag{4.2}$$

式中 Δ_u——极限位移;

Δ_y——屈服位移。

由表 4.5 可知:

① 2 个构件的位移延性系数都大于 4,一般认为钢筋混凝土抗震结构要求的延性系数为 3~4[79],即此种连接形式的延性性能较好,利于抗震。

② 出于安全考虑,构件 SW1 停止试验,所以构件 PW1 的平均极限延性系数会出现比构件 SW1 大的情况。

表 4.5 构件的延性性能分析表

构件编号	加载方向	$\Delta_{y(1)}$	$\Delta_{y(2)}$	Δ_u	$u_{(1)} = \Delta_u/\Delta_{y(1)}$	$u_{(2)} = \Delta_u/\Delta_{y(2)}$
SW1	正向	10.1	13.1	69.8	6.9	5.3
	反向	8.4	16.7	69.4	8.3	4.2
	平均	9.3	14.9	69.6	7.5	4.8
PW1	正向	7.8	11.1	63.3	8.1	5.7
	反向	10.6	11.8	63.5	6.0	5.4
	平均	9.2	11.5	63.4	6.9	5.6

预制装配式剪力墙结构连接关键技术

4.6.6 刚度退化

随着水平加载的循环次数不断增加，构件的累计损伤会造成刚度的退化。等效刚度是往复水平荷载作用下每次循环最大位移的割线刚度，刚度 K 的计算公式见式（4.3）。

$$K_i = \frac{|F_i|}{|\Delta_i|} \quad\quad (4.3)$$

式中　F_i——第 i 次循环峰点荷载值；

$\quad\quad$ Δ_i——第 i 次循环峰点位移值。

表 4.6 列出构件的开裂割线刚度 K_{cr}、屈服割线刚度 K_y、峰值割线刚度 K_p 和极限割线刚度 K_u。构件 PW1 的开裂割线刚度比构件 SW1 略大，而屈服割线刚度比构件 SW1 略小。主要是由于构件 PW1 在开裂前期连接处的插筋比现浇墙此处的钢筋多，增加了连接处的刚度；开裂后，由于连接处的结合面存在，混凝土之间的摩擦力减弱，刚度退化略低于构件 SW1；峰值后，后浇带上下结合面裂缝贯通，后浇带处混凝土保护层脱落，插筋压弯，因此刚度退化速度较快。

表 4.6　构件割线刚度　　　　　　　单位：kN/mm

构件编号	加载方向	K_{cr}	$K_{y(1)}$	$K_{y(2)}$	K_p	K_u
SW1	正向	44.4	31.1	21.7	6.7	4.6
	反向	35.9	34.9	19.0	5.5	4.7
	平均	40.2	33.0	20.4	6.1	4.7
PW1	正向	47.6	38.2	22.5	6.8	4.1
	反向	41.7	22.4	17.6	5.4	3.3
	平均	44.7	30.3	20.1	6.1	3.7

图 4.37 所示为构件割线刚度退化曲线。

① 构件 PW1 的正向刚度与构件 SW1 的基本重合，但峰值后期构件 PW1 下降较快；构件 PW1 的负向刚度一直小于构件 SW1 的刚度。

② 峰值荷载后期，构件 PW1 的刚度退化速度加快，比构件 SW1 的刚度小，表明后浇带对构件的抗侧刚度有一定影响。

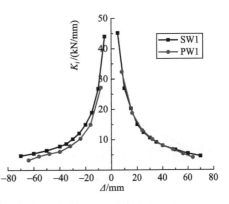

图 4.37　构件割线刚度退化曲线

4.6.7 耗能能力

结构的耗能能力是评价结构抗震性能的一个重要指标。《建筑抗震试验规程》[81]规定构件的耗能能力计算方法，引用等效黏滞阻尼系数 h_e 和能量耗散系数 E 表示构件的耗能能力。

E 与 h_e 计算公式分别为：

$$E = \frac{S(ABC) + S(ADC)}{S(OBE) + S(ODF)} \tag{4.4}$$

$$h_e = \frac{1}{2\pi} \times \frac{S(ABC) + S(ADC)}{S(OBE) + S(ODF)} \tag{4.5}$$

图 4.38 所示为构件耗能及等效黏滞阻尼系数计算示意图，其中 $S(ABC)$ 和

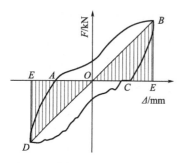

图 4.38 构件耗能及等效黏滞阻尼系数计算示意图

$S(ADC)$ 分别为滞回曲线包络线上半部和下半部的面积；$S(OBE)$ 和 $S(ODF)$ 分别为三角形面积。

图 4.39 所示为构件耗能和等效黏滞阻尼系数与水平位移关系图。滞回环越饱满，其所包围的面积越大，即 E、h_e 值越大，表明构件耗能能力越强。随着位移的增加，两个构件滞回曲线捏拢明显，耗能增加；构件 PW1 在峰值荷载前的耗能与构件 SW1 相近，峰值荷载后构件 PW1 的耗能略低于构件 SW1。构件 PW1 进入塑性阶段后，其等效黏滞阻尼系数随着位移的增加而逐渐增大；由于竖向浆锚连接装配式

剪力墙的结合面开裂，使剪力墙的水平位移增加，而承载力没有太多降低，竖向浆锚连接装配式剪力墙在峰值左右的等效黏滞阻尼系数会高于现浇墙。

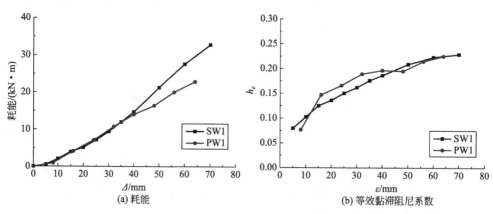

图 4.39 构件耗能和等效黏滞阻尼系数与水平位移关系图

预制装配式剪力墙结构连接关键技术

4.6.8 位移沿墙高分布

在剪力墙拟静力试验中，沿构件共布置 6 个位移计，其中在地梁上布置位移计是为了测量构件在加载过程中地梁的滑移量。由于试验装置完善，地梁滑移量较小可以忽略不计。构件 SW1 与构件 PW1 的位移沿墙高分布如图 4.40 所示。

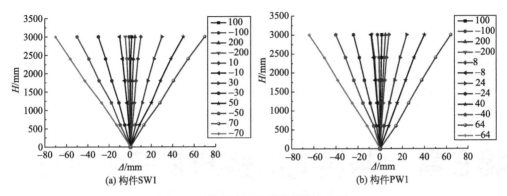

图 4.40　构件水平位移沿墙高分布图

① 两个构件荷载加载时，基本呈直线分布，符合剪力墙发生弯剪型破坏的特征。

② 在构件位移加载时，在距地梁底部 600mm 处位移有明显的突变，主要是构件 SW1 屈服后在距地梁底 500～700mm 处出现主要裂缝，变形较集中，形成了塑性铰，即此连接形式的孔洞处结合面是影响构件变形的因素之一。

③ 构件 PW1 的正向和反向水平位移分布略有不对称。主要是由于后浇混凝土分布不均匀，负向加载的墙体受拉区较弱，导致 600mm 处的负向曲线弯折比正向曲线较大。

第 4 章　带水平缝预制装配式剪力墙抗震性能试验

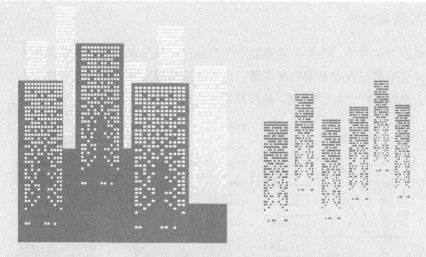

第5章　带竖向缝预制装配式剪力墙抗震性能试验

5.1　试验概述

在水平地震作用下，相邻左、右两侧预制装配式混凝土剪力墙之间的竖向接缝是剪力传递的关键，连接处的性能将直接影响装配式剪力墙结构整体的抗震性能。本章为了解该种连接方式对预制装配式剪力墙抗震性能的影响，设计并制作了1片钢筋搭接连接的水平连接装配式剪力墙和1片现浇剪力墙，并对其进行拟静力试验。通过观察构件的破坏过程，分析研究试验得到的滞回曲线，骨架曲线，变形能力等，并与现浇剪力墙进行比较，研究带竖向缝预制装配式剪力墙的抗震性能及特点。

5.1.1　构件设计

试验设计制作了1片带竖向缝预制装配式剪力墙构件PW2。构件由加载梁、墙体和地梁三部分组成，构件PW2几何尺寸与构件SW1相同。

构件PW2为带竖向缝预制装配式剪力墙，左右两侧墙体预制，加载梁，墙体中间部分和地梁同时浇筑。边缘构件配置 6 Φ 12 纵向钢筋和 Φ 8@200 的箍筋，水平分布钢筋为 Φ 10@200，竖向分布钢筋为 Φ 8@150，中间部分配置 8 Φ 12 纵向钢筋和 Φ 8@200 的箍筋。边缘构件的纵向钢筋和竖向分布钢筋锚入加载梁和地梁中，弯折角度为 90°，构件的配筋如图 5.1 所示。

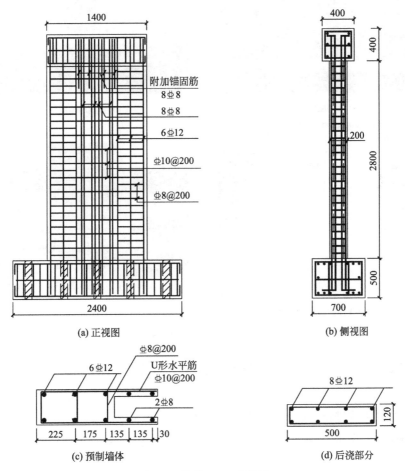

图 5.1　构件 PW2 配筋图

5.1.2　构件制作

构件 PW2 采用钢筋间接搭接水平连接的方式，制作和养护均在中国建筑第三工程局工地完成。混凝土采用商品混凝土，强度等级为 C30，制作过程如图 5.2 所示。

首先预制两侧墙体，在预制墙体上部分别留有两个矩形孔洞，待混凝土达到一定强度后，拆除模板，对墙体内部进行凿毛处理，然后将两侧墙体拼接成整体墙。

(a) 预制墙体模板

(b) 预制墙体制作

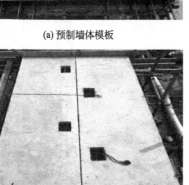

(c) 预制墙体拼接

(d) 二次浇筑混凝土成整体

图 5.2　构件 PW2 制作过程

　　绑扎好中间部分钢筋，放入预制墙体拼接处，然后进行支模，绑扎加载梁、地梁钢筋。钢筋绑扎完成后，将加载梁、中间部分、地梁同时浇筑。由于施工条件的限制，构件采用平放的方式进行浇筑。从地梁、加载梁两侧同时浇入混凝土，通过矩形孔洞进行振捣，保证浇筑密实。经过 7 天浇水养护，14 天自然养护，构件制作完成。

5.2　材料力学性能

5.2.1　钢筋

　　试验剪力墙构件所用钢筋均为 HRB400 级。试验前，首先进行钢筋的材料性能试验。取同批次直径为 8mm、12mm 的钢筋各 3 根，于沈阳建筑大学土木工程学院材料实验室进行钢筋的材料性能试验，得出钢筋屈服强度 f_y，极限强度 f_u，弹性模量 E，其结果见表 5.1。

表 5.1　钢筋力学性能

d/mm	f_y/(N/mm^2)	f_u/(N/mm^2)	E/(N/mm^2)
8-1	464.5	653.5	2.16e5
8-2	441.2	629.2	2.16e5
8-3	455.3	659.3	2.17e5
12-1	455.7	656.8	1.88e5
12-2	457.6	653.5	1.90e5
12-3	458.6	664.2	2.02e5

5.2.2　混凝土

构件制作分为两部分，第一部分浇筑现浇墙和装配式剪力墙墙体，第二部分浇筑加载梁，中间部分和地梁，两次浇筑均采用混凝土强度等级为 C30 的自密实混凝土。第一次浇筑时，混凝土分为两批次，构件 SW1 和构件 PW2 左侧墙体为同一批次混凝土，构件 PW2 右侧墙体为另一批次混凝土。每批次浇筑混凝土预留 3 个立方体试块，规格为 100mm×100mm×100mm，和构件同条件养护，在试验当天测试其抗压强度。实测强度乘以 0.95 后得到构件混凝土立方体抗压强度，其结果见表 5.2。

表 5.2　混凝土抗压强度

混凝土位置	立方体抗压强度 /MPa	立方体抗压强度 平均值/MPa	轴心抗压强度 平均值/MPa
预制墙体(左)	37.1 38.8 42.9	39.6	26.5
预制墙体(右)	41.0 40.1 31.9	37.7	25.2
后浇部分	41.2 49.1 48.8	46.4	31.0
现浇墙	41.0 40.1 31.9	37.7	25.2

5.3　加载装置及方案

构件 PW2 加载装置与第 4 章设置相同。根据《建筑抗震试验规程》(JGJ/T

101—2015)[81]，本试验采用力-位移控制加载，加载过程如下。

在试验正式加载之前，先进行预加载，使用液压千斤顶施加竖向荷载1～2次，荷载值为正式加载时竖向荷载的30%，以消除构件内部的不均匀性。然后，预加一定竖向荷载，在预加水平往复荷载1～2次，荷载值为屈服荷载的30%左右。在预加载过程中，需要对加载装置和量测仪器进行检查，以保证试验的顺利进行。

正式加载开始时，首先施加轴压力，轴压比设计值为0.1，试验过程中保持恒定，然后施加水平往复荷载。构件屈服前，加载通过荷载控制，每级循环一次，级差为50kN；当构件屈服后采用位移进行加载，每级循环两次，级差是屈服位移的整数倍。出现下列情况时构件停止加载：构件的承载力降低至峰值荷载的85%时，或者构件破坏严重，不适合继续加载。

5.4 测量内容及测点布置

5.4.1 钢筋应变片布置

在构件PW2距地梁顶面20mm的边缘构件纵向钢筋和竖向分布钢筋上分别布置应变片，边缘构件纵向钢筋的应变片可用来辅助判别构件是否屈服，钢筋应变片的编号及其布置如图5.3所示。

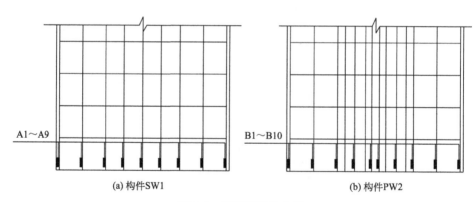

A1～A9

B1～B10

(a) 构件SW1　　　　　　　　　　　(b) 构件PW2

图5.3　钢筋应变片位置

5.4.2 位移计布置

在试验过程中，水平荷载、竖向荷载、水平位移和钢筋应变是测量的重点内容。构件SW1和PW2的位移计布置相同，墙体平面内共布置6个位移计，与第4章布置一样。

5.5 带竖向缝预制装配式剪力墙加载过程

构件 PW2 加载共 28 个循环,分为 15 级。前 4 级采用力加载方式,每级循环一次,级差为 50kN;后 9 级加载采用位移加载方式,级差为 6mm,分别为 6mm、12mm、18mm、24mm、30mm、36mm、42mm、48mm、54mm、60mm、66mm、78mm,每级循环两次。加载过程如图 5.4 所示。

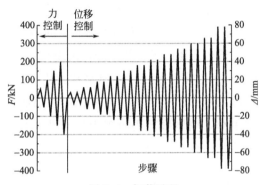

图 5.4 加载过程

构件 PW2,第 1、2 循环,墙体无裂缝出现。第 +3 循环,水平力为 +150kN 时,墙体背面距墙底 450mm 处出现第一条水平裂缝,长度为 200mm;第 -3 循环,水平力为 -150kN 时,墙体正面和背面距墙底 450mm 处同时出现一条水平裂缝,正面裂缝长度为 410mm,背面裂缝长度为 650mm,如图 5.5 所示。

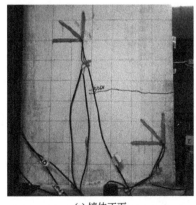
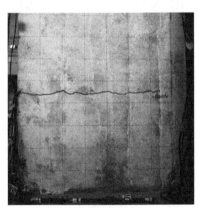

(a) 墙体正面   (b) 墙体背面

图 5.5 构件 PW2 开裂

第 +4 循环,水平力 +200kN 时,距墙底 450mm 处出现水平裂缝,长度为 320mm。第 -4 循环,水平力为 -200kN 时,墙体正面和背面距墙底 300mm,

750mm，1030mm 处同时出现水平裂缝，墙体正面部分水平裂缝斜向下延伸。

第 5、6 循环（水平位移为 6mm），距墙底 310mm，850mm 处出现两条新裂缝，长度分别为 380mm，480mm，此时，第一条裂缝延长至 620mm；墙角处出现细微裂缝，墙体与地梁交接处出现水平裂缝，长度为 350mm。

第 7、8 循环（水平位移为 12mm），墙体正面距墙底 620mm，1020mm 处出现水平裂缝，裂缝延伸至墙体中部，距墙底 1420mm 处出现一条水平裂缝，长度为 350mm，墙体中部出现多处细微斜裂缝，地梁与墙体交接处水平裂缝继续延伸。

第 9、10 循环（水平位移为 18mm），墙体出现大量裂缝，墙体竖向缝在距墙底 750mm 处开裂并向上延伸，装配式剪力墙墙体和中间现浇部分结合位置出现多处竖向裂缝，原有裂缝从墙体一侧向另一侧延伸，出现交叉斜裂缝，刚度退化比较严重。第 11、12 循环（水平位移为 24mm），墙体内部出现巨大响声，墙体正面竖向缝贯通，裂缝从竖向缝向墙体两侧延伸。墙体正面距墙底 2000mm 处出现一条斜裂缝，并延伸至墙体中部，墙体底部仍出现少量水平裂缝。原有斜裂缝继续开展，延伸至距墙体底部约有 250mm，墙体竖缝破坏如图 5.6 所示。

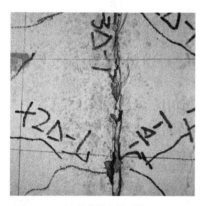

(a) 墙体竖向缝开裂　　　　　　　　　(b) 墙体竖向缝混凝土脱出

图 5.6　构件 PW2 竖向缝破坏

第 13、14 循环（水平位移为 30mm），位移角达 1/100，墙体与地梁交接处水平裂缝贯通，竖向缝表面混凝土发生部分脱落。距墙底 1900mm，2100mm 处出现从竖向缝向墙体两侧斜向上延伸的裂缝。原有裂缝继续发展，墙体底部主要裂缝宽度达到 2mm。

第 15、16 循环（水平位移为 36mm），墙体角部混凝土细微脱落，无新裂缝产生；第 17、18 循环（水平位移为 42mm），距墙底 2250mm 处出现一条斜裂缝。

第 19、20 循环（水平位移为 48mm），距墙底 1900mm 处出现一条新水平裂缝，长度为 250mm，墙体底部主裂缝宽度可达 2～3mm，裂缝表面混凝土开始脱落，墙角混凝土继续脱落。

第21、22循环（水平位移为54mm），墙体仍少量裂缝产生，承载力继续提高；第23、24循环（水平位移为60mm），承载力达到峰值，边缘构件钢筋压弯，竖向缝混凝土大部分脱落，墙体背面中部向外膨胀，呈灯笼状。

第25、26循环（水平位移为66mm），墙体角部混凝土大面积脱落，边缘构件钢筋受压弯曲，承载力略有下降。第27、28循环（水平位移为78mm），边缘构件钢筋受拉断裂，墙体破坏严重，承载力未下降到峰值荷载的85%，但构件破坏严重，不适合继续加载，试验结束。构件最终破坏如图5.7所示。

(a) 左侧混凝土角部破坏

(b) 右侧混凝土角部破坏

(c) 正面裂缝分布

(d) 背面裂缝分布

图5.7　构件PW2最终破坏

将构件SW1和构件PW2的试验现象进行对比，可以得到如下内容。

① 构件SW1产生的裂缝均在高度1500mm以下，裂缝水平段大多在墙体左右

85

两侧 500mm 区域内；而构件 PW2 产生的裂缝均在高度为 2600mm 以下，弯剪型裂缝在高度 1700mm 以下，裂缝水平段大多在墙体左右两侧 400mm 区域内，在 1700～2600mm 之间多为剪切型斜裂缝。

②从裂缝发展来看，构件 SW1 产生的裂缝间距较大，墙体形成的主要裂缝少，裂缝经过水平段并斜向下延伸，在墙体中部形成 X 型交叉裂缝，X 型交叉裂缝主要分布在墙体 900mm 以下；构件 PW2 产生的水平裂缝间距较小，墙体形成的主要裂缝多，裂缝在墙体两侧形成多处 X 型交叉裂缝，分布范围更广。

③根据墙体根部破坏情况，可以看出构件 PW2 两侧角部混凝土压碎区域与构件 SW1 压碎区域相差不大，破坏模式基本相同。

5.6 试验结果与分析

5.6.1 滞回曲线

通过对滞回曲线的分析处理可以得到构件的多项抗震性能指标，如构件的耗能能力、承载力、强度、刚度及变形能力等。构件 SW1 和 PW2 的荷载-位移曲线如图 5.8 所示，位移是距墙底截面 3000mm 顶点的水平位移。

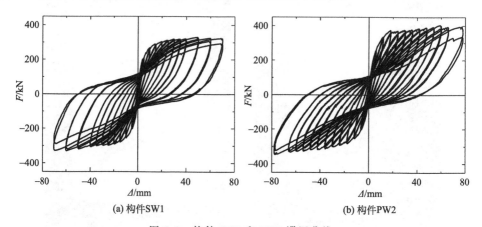

(a) 构件SW1   (b) 构件PW2

图 5.8 构件 SW1 和 PW2 滞回曲线

构件 PW2 在开裂以前，滞回曲线变化特征与构件 SW1 类似，滞回环面积极小，残余变形不大；构件屈服后，滞回环面积增大，其饱满程度略低于构件 SW1，但仍具有较好的耗能能力；承载力达到峰值荷载后，随着位移的增加仍无明显下降趋势，即其承载能力及塑性变形能力较好。

5.6.2 骨架曲线

构件 SW1 和 PW2 的骨架曲线对
比图如图 5.9 所示，结论如下。

① 两者骨架曲线发展趋势大体相
同。开裂前，构件 SW1 和 PW2 的骨
架曲线基本重合，呈线性发展趋势，
初始刚度较大；开裂后，构件开始进
入非弹性工作状态，骨架曲线逐渐偏
向位移轴，构件的刚度开始下降，但
承载力保持缓慢上升；承载力达到峰

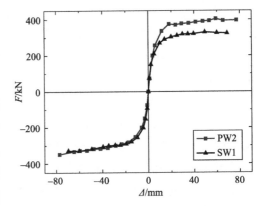

图 5.9　构件 SW1 和 PW2 骨架曲线对比

值荷载以后，骨架曲线仍保持平缓趋势，即构件破坏过程比较平稳，延性较好。

② 骨架曲线正向加载阶段，开裂前，两者的曲线基本重合，开裂后，构件
PW2 的承载力上升趋势大于构件 SW1，当承载力稳定到一定数值后，构件 PW2
的曲线明显高于构件 SW1，即构件 PW2 的性能优于构件 SW1；负向加载阶段，两
者曲线基本重合，即构件 PW2 的性能与构件 SW1 相当。从总体上看，构件 PW2
的性能优于构件 SW1 或与构件 SW1 相近。

③ 试验结束时，构件 SW1 的极限位移为 70mm，构件 PW2 的极限位移为
78mm，两者的位移角均大于 1/50，但承载力均未下降至峰值荷载的 85%，构件
SW1 承载力仅下降到峰值荷载的 97.9%，构件 PW2 下降到 98.0%，构件因破坏
严重，不宜继续加载而停止试验，因此本章取在试验结束时的荷载为极限荷载。

5.6.3 承载能力

构件的承载力特征值包括构件的开裂荷载、屈服荷载和峰值荷载。本章采用
Park 法计算构件的屈服荷载，构件 SW1 和 PW2 的承载力特征值见表 5.3。

表 5.3　承载力特征值

构件编号	F_{cr}/kN			F_y/kN			F_p/kN		
	正向	反向	平均	正向	反向	平均	正向	反向	平均
SW1	150.0	140.0	145.0	274.1	265.2	269.7	330.0	329.8	329.9
PW2	200.0	150.0	175.0	340.5	281.1	310.8	403.6	348.5	376.1

构件 PW2 的正、反向开裂荷载均高于与构件 SW1，并且构件 PW2 的正向和
反向开裂荷载差距较大；构件 PW2 的正向和反向屈服荷载高于构件 SW1，其中正

87

第5章　带竖向缝预制装配式剪力墙抗震性能试验

向屈服荷载提高 24.2%，反向屈服荷载提高 6%，正反向屈服荷载平均提高 15.2%；构件 PW2 的正向和反向峰值荷载也高于构件 SW1，其中正向峰值荷载提高 22.3%，反向峰值荷载提高 5.7%，正反向峰值荷载平均提高 14.0%。构件 PW2 的承载能力大于构件 SW1。

构件 SW1 正反向开裂荷载，正反向屈服荷载和正反向峰值荷载相差不大，构件 PW2 正反向承力力特征值均有较大差距，其中开裂荷载定义为构件出现第一条裂缝时的荷载，肉眼观察裂缝时有一定的误差，因此开裂荷载受人为因素影响较大。

造成正反向峰值荷载差距较大的原因有以下三点。

① 左右两侧装配式墙体采用不同批次混凝土，造成混凝土强度会有差异。

② 在构件的浇筑过程中，振捣不均匀，养护不充分等。

③ 构件的对中的误差。

5.6.4　延性

构件的屈服位移 Δ_y，极限位移 Δ_u 和位移延性系数 u 如表 5.4 所示。构件 PW2 的屈服位移、峰值位移比构件 SW1 大，位移延性系数略低于构件 SW1，即其延性较好。

表 5.4　构件变形能力

构件编号	Δ_y/mm			Δ_u/mm			u		
	正向	反向	平均	正向	反向	平均	正向	反向	平均
SW1	11.2	12.1	11.6	69.5	69.5	69.5	6.2	5.7	5.9
PW2	12.7	17.2	14.9	77.3	77.2	77.2	6.1	4.5	5.3

5.6.5　刚度退化

构件 SW1 和构件 PW2 的开裂割线刚度 K_{cr}、屈服割线刚度 K_y、峰值割线刚度 K_p、极限割线刚度 K_u 如表 5.5 所示，由表中数据可以看出，构件 PW2 正向开裂、屈服和峰值割线刚度均大于构件 SW1，反向各阶段割线刚度均小于构件 SW1。

表 5.5　构件各阶段割线刚度

构件编号	K_{cr}			K_y			K_p			K_u		
	正向	反向	平均	正向	反向	平均	正向	反向	平均	正向	反向	平均
SW1	54.1	58.3	56.2	24.5	21.9	23.2	6.8	5.5	6.2	4.6	4.7	4.7
PW2	57.1	46.9	52.0	26.8	16.3	21.5	6.9	4.5	5.7	5.1	4.5	4.8

构件 SW1 和 PW2 的刚度退化曲线对比如图 5.10 所示，两者的刚度退化曲线相差不大。从开裂阶段至屈服阶段，构件的刚度退化十分严重；屈服阶段后，刚度

预制装配式剪力墙结构连接关键技术

退化速度降低，逐渐趋于平缓。从刚度退化曲线正向来看，构件 SW1 初始刚度略大于构件 PW2，位移在 0～4mm 时，刚度退化曲线基本重合。大约 4mm 以后，构件 SW1 的刚度退化速度比构件 PW2 稍快；从负向来看，构件 SW1 初始刚度仍大于构件 PW2，但刚度退化速度相差不大，两者曲线基本重合。总体上来说，两者的刚度曲线下降趋势均无明显突变，即其受力性能良好，

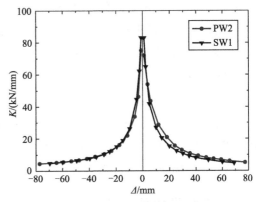

图 5.10　刚度退化曲线对比

且构件 PW2 的预制部分和后浇部分能够协同工作。此外，构件 PW2 的正反向刚度并不对称，这是因为两侧预制墙体承载力有差异，因此导致正反刚度有一定的差异。

5.6.6　耗能能力

表 5.6 列出构件的总耗能和极限位移时的能量耗散系数。

表 5.6　构件耗能能力

构件编号	总耗能/(kN·m)	能量耗散系数 E	总耗能相对值
SW1	135.305	1.462	1.00
PW2	156.358	1.157	1.16

本节主要分析构件的单圈耗能及最终累计耗能。如图 5.11 所示，在水平位移未达到 25mm 时，两者的耗能能力呈线性趋势增长，且基本相同；在位移大于

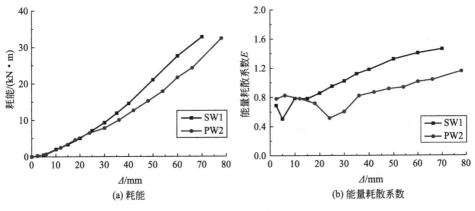

(a) 耗能　　　　　　　　　　　(b) 能量耗散系数

图 5.11　耗能曲线

25mm 时，构件 SW1 的耗能能力大于构件 PW2，两者的差距随位移的增加而增大，当两构件达到极限位移时，构件 PW2 和 SW1 的单圈耗能相差不大，但构件 PW2 最终累计耗能是构件 SW1 的 1.16 倍。

从能量耗散系数角度看，在水平位移未达到 10mm 时，构件 PW2 的能量耗散系数大于构件 SW1；在位移大于 10mm 时，构件 PW2 的能量耗散系数小于构件 SW1。在试验过程中，除个别情况外，构件 SW1 的能量耗散系数随着位移的增加而增大，构件 PW2 的能量耗散系数随着位移的增加先减小后增大。在构件加载到极限位移时，构件 PW2 和 SW1 的能量耗散系数均大于 1.0，表现出较好的耗能能力。

5.6.7 位移沿墙高分布

为测量构件不同阶段的水平位移，在试验开始前，沿墙体高度从下至上布置了 6 个位移计，位移沿墙高的分布如图 5.12 所示，结论如下。

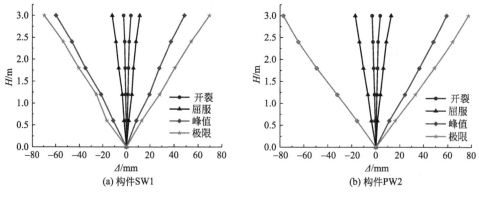

(a) 构件SW1   (b) 构件PW2

图 5.12 位移分布曲线

① 构件在屈服前，水平位移沿着墙高从上到下呈线性分布，符合弯剪型破坏特征；构件屈服后，构件的变形大体上仍能满足线性变形的特征。

② 反向加载过程中，达到极限荷载时，在距离墙体底部 600mm 处位移有突变，可能是因为该位置处墙体裂缝发展迅速，墙体破坏严重，导致构件变形较大，从而使位移发生突变。

③ 反向加载过程中，峰值位移和极限位移图重合，这是因为试验结束时，构件的反向承载力仍未下降，因此峰值位移和极限位移图相同。

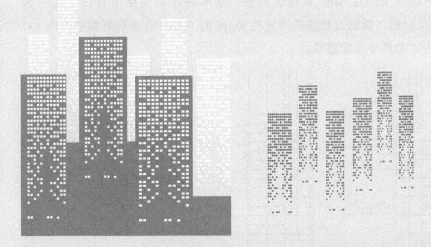

第6章　带竖向和水平缝预制装配式剪力墙抗震性能试验

6.1　试验概述

6.1.1　构件设计

本章中带竖向和水平缝预制装配式剪力墙构件为 PW3，构件尺寸与构件 SW1 保持一致，采用 1:1 足尺比例模型，剪力墙构件由墙体、墙顶加载梁以及墙底的基座组成。根据规范要求，按照一、二级抗震等级设计的剪力墙截面厚度，当两端有翼墙或端柱时，厚度不应小于层高的 1/20，且不应小于 160mm，本次试验剪力墙构件截面厚度取实际工程常用厚度 200mm；考虑到一般剪力墙的肢厚比应大于等于 8，试验中所有剪力墙构件长度均取 1400mm；同时考虑到实验室加载装置以及反力墙孔洞间距等具体情况，剪力墙构件高度取 2800mm，结合实验室 300t 作动器端头尺寸，剪力墙构件加载梁截面尺寸为 400mm×400mm。

预制构件和现浇构件的混凝土强度均为 C30，混凝土保护层厚度为 25mm；构件两端为边缘约束构件，采用直径 12mm 的 HRB400 级热轧钢筋；墙身竖向分布

钢筋采用直径 8mm 的 HRB400 级热轧钢筋；水平分布钢筋采用直径 12mm 的
HRB400 级热轧钢筋，箍筋及拉筋采用直径 8mm 的 HRB400 级热轧钢筋。图 6.1
所示为构件 PW3 的尺寸及配筋图。

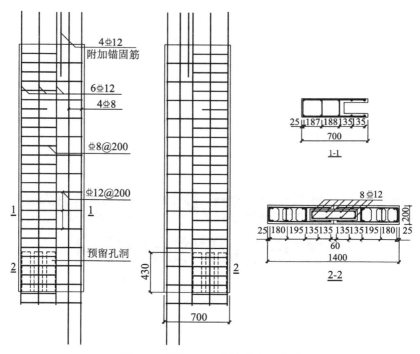

图 6.1　构件 PW3 的尺寸及配筋图

6.1.2　构件制作

预制剪力墙构件 PW3，墙体分两批进行浇筑，第一批先浇筑预制墙体和部分

(a) 模板与配筋

(b) 预制墙体拼装

图 6.2　构件 PW3 的配筋及装配图

地梁，其中距地梁一端 950mm 处留出 500mm 的后浇部分。第二批浇筑预留现浇部分、加载梁以及地梁预留部分。图 6.2 所示为构件 PW3 的钢筋网入模及预制墙体拼装。

6.2 材料力学性能

6.2.1 钢筋

两剪力墙构件中的所有钢筋均采用 HRB400 级热轧钢筋，材料性能试验表明，不同直径钢筋均有明显的弹性段和屈服段。表 6.1 列出了钢筋屈服强度 f_y、极限强度 f_u 实测值和弹性模量 E_s，其中屈服强度及极限强度为 3 根钢筋材料性能试验实测值的平均值。

表 6.1　钢筋实测材料性能

钢筋规格	d/mm	f_y/MPa	f_u/MPa	E_s/10^5MPa
HRB400	8	372.5	563.8	2.0
	12	404.1	674.0	2.0
	14	460.6	554.8	1.8

6.2.2 混凝土

剪力墙构件均采用 C30 混凝土，分两个批次完成浇筑，混凝土试块共两组，对于预制部分混凝土和现浇部分混凝土在浇筑时各预留 3 个 100mm×100mm×100mm 立方体标准试块，与构件同条件养护，养护 28 天后，在标准压力机上施压破坏。表 6.2 所示为混凝土试块抗压强度实测值。

表 6.2　混凝土实测材料性能

项目	编号	抗压强度/MPa	抗压强度平均值/MPa
预制混凝土	YZ-1	39.1	41.9
	YZ-2	40.9	
	YZ-3	45.6	
现浇混凝土	XJ-1	51.7	50.1
	XJ-2	43.4	
	XJ-3	55.2	

6.3 加载装置及方案

本章加载装置与第4章相同。本章试验采用拟静力加载制度进行加载，目前国内普遍采用的加载制度有力控制加载、位移控制加载、力-位移混合控制加载。本章试验采用力-位移混合控制加载，加载过程中保持其竖向轴压力不变，水平作动器施加往复荷载。

6.4 测量内容及测点布置

6.4.1 钢筋应变片布置

量测内容主要包括竖向轴压力、水平力、钢筋应变以及墙体的水平位移。图6.3所示给出了构件SW1应变片的位置及编号。构件PW3的应变片编号及位置如图6.4所示，为确定上下间接搭接竖向钢筋间应力传递效果，在预制墙体预留孔洞的上下两根竖向钢筋上均布置钢筋应变片，分别为距墙底截面550mm的预制墙内竖向钢筋和距地梁上表面20mm的预埋钢筋。

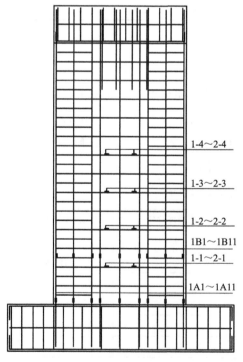

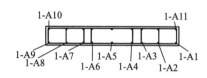

图 6.3　构件SW1应变片位置及编号

预制装配式剪力墙结构连接关键技术

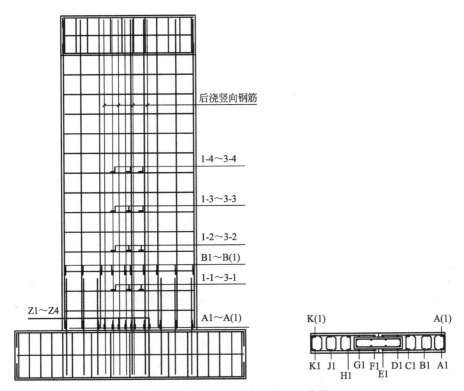

图 6.4　构件 PW3 应变片位置及编号

6.4.2　位移计布置

位移计主要用来测量构件水平位移，两构件位移计的布置相同，与构件 SW1 相同。构件自上至下共布置 6 个位移计，其中最高处的位移计布置在加载梁的中线位置，距墙身底部 3000mm，本章中荷载-位移曲线的位移取值即该位移计位移值。试验过程中，地梁不可避免的产生水平移动，故在地梁上布置 1 个位移计，处理试验数据时要扣除这一部分的影响。

6.5　带竖向和水平缝预制装配式剪力墙加载过程

构件 PW3 的轴压比与构件 SW1 一致，为 0.1，竖向轴力为 400kN，水平力分 12 级加载，共 18 个循环。构件屈服前 5 级由荷载控制加载，每级循环一次，分别为 50kN、100kN、150kN、200kN、250kN；后 7 级由位移控制加载，分别为 8mm、16mm、24mm、32mm、40mm、48mm、56mm，其中除 8mm 循环一次外，其余每级位移均循环两次。加载历程如图 6.5 所示。

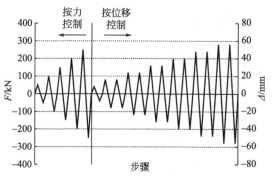

图 6.5 构件 PW3 水平力（位移）加载历程

第 1~3 循环墙体无裂缝出现。第 4 循环，水平荷载加载至 200kN 时，距墙底 550mm 位置出现第一条水平裂缝，裂缝位置在预留孔洞的上表面。第一批裂缝分布见图 6.6。

(a) 墙体左侧裂缝

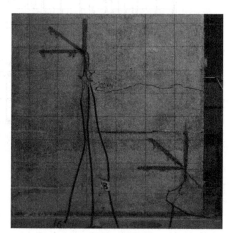

(b) 墙体右侧裂缝

图 6.6 第一批裂缝分布

第 5 循环，墙底截面与地梁的水平接缝处出现水平裂缝，随后墙体两侧出现多条水平裂缝，且部分斜向发展，角度大致为 45°。第 6 循环，构件按位移加载，加载过程中墙体出现多条水平裂缝，且斜向发展，边缘构件的竖向钢筋屈服。

第 7、8 循环，位移加至 16mm 时，墙体出现许多新的水平裂缝，这些裂缝发展至竖向接缝处，沿竖向接缝向另一侧预制墙体斜向下发展，角度约为 45°，两侧斜向接缝有交叉；顶点位移加至 17mm，位移角接近 1/176 时，预制墙体下部竖向接缝处有细微开裂。

第 9、10 循环，水平位移加至 24mm，距墙底 120mm 处出现水平裂缝，这条裂缝出现在水平后浇部分的上表面处；墙底与地梁的水平接缝贯穿；原有的斜向裂缝继续发展；墙根部处出现受压竖向裂缝，部分混凝土有掉皮现象。

预制装配式剪力墙结构连接关键技术

第 11、12 循环，水平位移加至 32mm（位移角 1/100），水平裂缝发展较少，墙体底部出现多条水平裂缝，墙角部分保护层混凝土掉落；墙底的水平接缝处裂缝宽度保持在 3mm 左右；距墙底 550mm 处的水平裂缝宽度达到 2～3mm，部分混凝土有掉皮现象；墙体拼接处的竖向后浇部分与预制墙体的交界处出现短而细小的斜向裂缝；承载力达到峰值。裂缝分布见图 6.7。

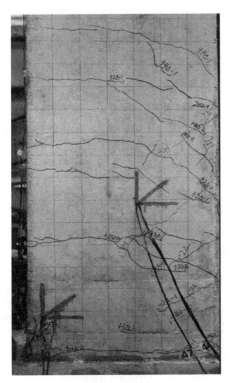

(a) 墙体左侧裂缝

(b) 墙体右侧裂缝

(c) 左侧墙角混凝土剥落

(d) 右侧墙角混凝土剥落

图 6.7 位移角 1/100 裂缝分布图

第 6 章 带竖向和水平缝预制装配式剪力墙抗震性能试验

第 13、14 循环，水平位移加至 40mm，墙身角部混凝土剥裂严重，可见边缘纵筋被压曲鼓出；预留孔洞上表面处的混凝土裂缝宽度达 4mm；墙底 600mm 范围内的竖缝拼接处，混凝土掉皮严重；位移加载至 40mm 的过程中，墙体内部发出声响，墙体拼接处的后浇部分与预制部分发生滑移，竖向接缝裂缝宽度很小，上下并未贯通。

第 15、16 循环，水平位移加至 48mm，距墙底 1800mm 位置出现新的水平裂缝，且斜向发展；墙底 500mm 范围内部分混凝土掉落，导致箍筋外露；墙角左侧混凝土大块掉落，左侧边缘构件一根竖向钢筋被拉断，承载力开始下降。

第 17、18 循环，水平位移加至 56mm（位移角约 1/50），距墙底 550mm 预留孔洞上表面处的水平裂缝宽度最大为 5mm，墙角两侧混凝土大范围被压溃，边缘构件的另一根竖向钢筋被拉断；墙体竖向接缝贯穿。水平承载力下降至峰值的 85%，试验结束。图 6.8 所示为构件破坏后照片。

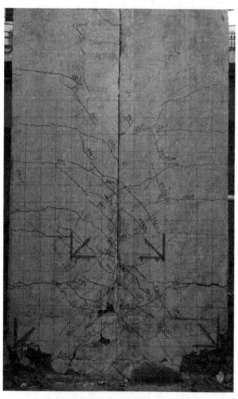

(a) 正面裂缝分布

(b) 左侧墙角前侧钢筋

(c) 左侧墙角后侧钢筋

图 6.8　构件 PW3 破坏后

预制装配式剪力墙结构连接关键技术

6.6 试验结果分析

6.6.1 滞回曲线与骨架曲线

图 6.9 给出了构件 PW3 的滞回曲线和骨架曲线。预制墙体构件滞回曲线呈梭形、形状饱满，滞回曲线有一定的捏拢，即预制墙体与现浇混凝土之间有发生滑移，总体来说预制构件的耗能能力良好。预制墙体构件的骨架曲线有完整的上升段和下降段，屈服后承载力速度较快上升，承载力达到峰值后下降速度较快。

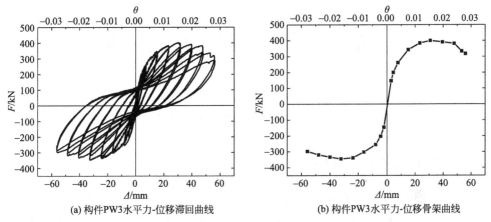

(a) 构件PW3水平力-位移滞回曲线　　　　(b) 构件PW3水平力-位移骨架曲线

图 6.9 构件 PW3 滞回曲线和骨架曲线

表 6.3 所示为 PW3 骨架线上各特征点对应的水平力 F、水平位移 Δ 和位移角 θ。与现浇构件相比，预制构件在试验结束时正、反向加载承载力均下降至峰值荷载的 85%，故取为试验极限点。

表 6.3 构件 PW3 特征点对应的数值

特征点	F/kN		Δ/mm		θ	
	正向	反向	正向	反向	正向	反向
开裂	202	220.8	4.6	7.6	1/652	1/400
边缘外侧钢筋屈服	255.4	235.9	7.5	8.0	1/431	1/251
作图法屈服点	297.6	269.6	11.2	10.6	1/260	1/217
峰值	402.3	347.2	34.5	34.8	1/58	1/161
极限	313.1	298.9	52.7	55.8	1/56	1/53

6.6.2 位移沿墙高分布

构件水平位移沿墙高分布如图 6.10 所示。水平位移沿墙高分布呈弯剪型，构件变形集中在距墙底 1.3m 范围以内，1.3m 以上范围位移呈直线分布。

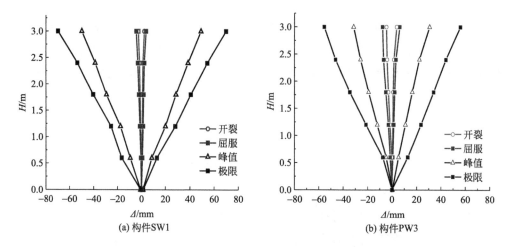

图 6.10 构件水平位移沿墙高分布图

6.6.3 破坏形态及裂缝分布

图 6.11 所示为构件破坏后的裂缝分布图。两构件的破坏形态基本相同，均为压弯破坏，即墙体竖向钢筋屈服，边缘构件最外侧的钢筋拉断，墙身底部两侧混凝土压溃。两墙体构件均没有发生整体剪切滑移。

预制墙体与现浇墙体的裂缝分布有所不同。现浇墙体与地梁交界面之间开裂，主要裂缝为墙底截面与地梁交界面之间的水平裂缝，其他裂缝主要分布在距墙底 500mm 范围内；预制墙体的主要裂缝在预留孔洞的上表面处，裂缝最大宽度达 5～6mm；预留孔洞上方出现多条水平裂缝，这些裂缝总体表现为在边缘构件长度范围内为水平裂缝，随后斜向发展至两预制拼接墙体竖向接缝处，随后斜向下方发展；在距墙底 500mm 范围内的水平裂缝较少，在竖向接缝处出现类似鱼鳞状的斜向裂缝，斜向裂缝主要分布在预制墙体预留现浇部分。

构件混凝土压溃区域均为墙底两侧 300mm 范围内，预制墙体边缘构件钢筋被拉断时，两预制墙体竖向拼缝处仍未完全形成贯穿，即在预制墙体中，在水平接缝已经被破坏的情况下，竖向接缝并未完全发挥抗变形能力。建议可以增强边缘构件钢筋强度，以加强墙体总体的抗变形能力。

预制装配式剪力墙结构连接关键技术

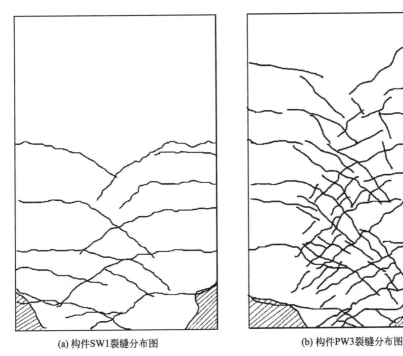

(a) 构件SW1裂缝分布图   (b) 构件PW3裂缝分布图

图 6.11   构件最终裂缝分布图

6.6.4   承载能力

表 6.4 给出了构件 SW1、构件 PW3 开裂、屈服、峰值对应的水平力 F_{cr}、F_y 和 F_p。以峰值荷载作为剪力墙压弯承载力对应的水平力。预制墙体构件在试验过程的各个阶段荷载都大于现浇墙体构件。由于预制剪力墙是由单个部分拼装而成，为保证预制剪力墙的可靠性和每个部分的配筋的一致性，所以在进行预制剪力墙设计时，配筋率比现浇剪力墙大 1.25%，从而导致预制剪力墙的承载力高。但是另一方面，预制剪力墙有可靠的承载力，可以应用在实际工程中。

表 6.4   构件不同状态时的水平力

构件编号	F_{cr}/kN			F_y/kN			F_p/kN		
	正向	反向	平均	正向	反向	平均	正向	反向	平均
SW1	145	140	142.5	203.2	200.1	201.6	330	303.7	316.8
PW3	202	220.8	211.4	250.9	251.8	251.4	402.3	347.2	374.8

6.6.5   刚度

表 6.5 列出了两墙体的开裂、屈服、峰值和极限割线刚度 K_{cr}、K_y、K_p 和

K_u。在轴压比相同的情况下，构件 SW1 的开裂割线刚度较大；屈服之后的各阶段，预制墙体的割线刚度都大于现浇墙。

表 6.5　构件割线刚度　　　　　　　单位：kN/mm

构件编号	K_{cr}	K_y	K_p	K_u
SW1	59.1	31.5	6.9	4.7
PW3	43.1	31.7	13.3	6.3

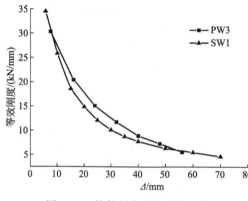

图 6.12　构件割线刚度退化曲线

图 6.12 所示为预制墙体和现浇墙体构件割线刚度与位移关系曲线。两构件的刚度退化趋势基本一致，随着位移增大，构件的割线刚度下降。构件屈服之前现浇剪力墙刚度较大，在构件进入屈服状态之后，预制墙体构件的刚度始终大于现浇墙体构件，位移加至 55mm（位移角 1/54）时，预制墙体构件刚度退化值与现浇墙体构件相当。

6.6.6　变形与延性

在荷载作用下，要求结构能够吸收较大的能量和产生一定的弹塑性变形而不致突然破坏，即要求结构或构件有较好的延性。如表 6.6 所示，预制墙体的屈服位移比现浇墙体的屈服位移大。

表 6.6　构件各阶段位移

构件编号	$\Delta_y/mm(\theta_y)$		$\Delta_u/mm(\theta_u)$		μ	
	正向	反向	正向	反向	正向	反向
SW1	6.1(1/492)	−5.4(1/555)	67.2(1/44)	−68.7(1/43)	11.4	12.6
PW3	8.1(1/370)	−7.6(1/394)	52.7(1/56)	−55.8(1/53)	6.4	7.2

预制墙体的屈服位移比现浇墙体的屈服位移大，极限位移比现浇墙体小；预制墙构件的极限位移角小于现浇墙构件，但远大于规范规定的剪力墙结构在地震作用下的弹塑性位移角限值 1/120，具有较好的变形能力；预制墙体和现浇墙体的位移延性系数都大于 5，都具有较好的延性。

6.6.7 耗能能力

分析结构的抗震性能时，耗能能力是一个重要因素。结构或构件的耗能能力是指其在地震作用下发生塑性变形吸收能量的大小，对于非弹性体系，一般用滞回曲线中滞回环所包围的面积和等效黏滞阻尼系数来表示。

图 6.13 所示为现浇墙体构件及预制墙体构件的耗能和等效黏滞阻尼系数与水平位移关系图。随着顶点位移的增大，由于结构材料的塑性变形使得构件滞回环变得饱满，构件屈服后到破坏前的一段时期内，两构件耗能值与水平位移基本呈线性分布，构件耗能能力均有所增强；预制墙体在破坏之前的耗能与现浇墙体相当甚至大于现浇墙体，即预制墙体具有一定的耗能能力。两构件的等效黏滞阻尼系数随循环次数的增多而增大；试验加载前中期预制墙构件与现浇墙体构件阻尼系数-位移曲线基本重合，等效黏滞阻尼系数与现浇剪力墙构件基本相同，即预制墙体具有一定的耗能能力；预制构件达到峰值荷载后，等效黏滞阻尼系数低于现浇构件，阻尼系数-位移曲线上升趋势缓慢，预制墙体构件在承载力降低的情况下其耗能能力仍保持缓慢增长的速度，即预制墙体构件具有良好的耗能能力。

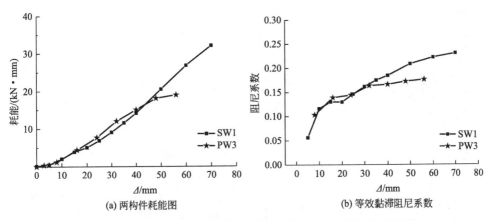

图 6.13　预制墙体构件耗能/等效黏滞阻尼系数与水平位移关系图

6.7　不同连接类型的预制装配式剪力墙试验结果对比

本书分析不同连接形式剪力墙的破坏模式和承载力变化。其中带水平缝的预制装配式剪力墙构件编号为 PW1，带竖向缝的预制装配式剪力墙构件编号为 PW2，3 片剪力墙构件尺寸均一致，带水平缝的预制装配式剪力墙的墙体配筋与现浇剪力墙一致，带竖向缝预制装配式剪力墙构件与本章带水平和竖向缝预制装配式剪力墙构件配筋一致。试验过程中 3 片剪力墙构件采用统一轴压比,且加载方式均为力-位移加载方式。对比分析 3 片剪力墙构件的破坏形态、承载力以及位移延性系数,从而进一步分析带水平和竖向缝的预制装配式剪力墙的抗震性能。

6.7.1 破坏形态

图 6.14 所示为带水平缝预制装配式剪力墙和带竖向缝预制装配式剪力墙破坏时的墙体裂缝分布。构件 PW1 的裂缝分布与现浇墙基本一致,裂缝分布主要在距墙底 1500mm 范围内,由水平裂缝以及其发展的斜裂缝组成;主要裂缝为预留孔洞上表面处和墙身与地梁拼接部位的水平裂缝。构件 PW2 的裂缝分布范围较广,主要裂缝为两预制墙体水平拼接处的竖向裂缝;斜裂缝的发展情况与墙身高度有关,距墙底 1300mm 高度范围内的斜裂缝是由两预制墙体产生的水平裂缝经竖向接缝发展到另一半预制墙体墙角处,距墙底 1300mm 高度以上的斜裂缝是从两预制墙体边缘构件内侧处斜向下发展的。

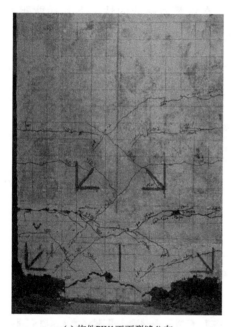 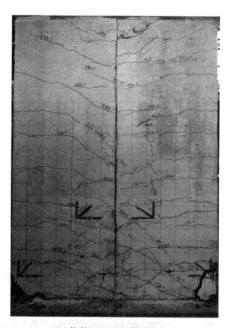

(a) 构件 PW1 正面裂缝分布　　　　　　　　　(b) 构件 PW2 正面裂缝分布

图 6.14　不同连接的剪力墙破坏后照片

对比两构件的裂缝分布,预制墙体构件 PW3 的裂缝分布与构件 PW1 和构件 PW2 皆有相似之处。裂缝发展初期,由于水平裂缝的存在,裂缝的发展与构件 PW1 相似,边缘钢筋屈服后,墙体竖向接缝开始参与受力,故产生多条靠近墙体上部的水平裂缝。对比构件 PW1 和构件 PW3,两者主要裂缝均为预留孔洞上表面

预制装配式剪力墙结构连接关键技术

处的水平裂缝和墙底与地梁交界面处的裂缝。与构件 PW1 不同的是，构件 PW3 破坏是在竖向接缝处形成通缝，也为主要裂缝；构件 PW3 的裂缝分布范围几乎布满整个墙身，即相对于构件 PW1 来说，构件 PW3 的传力效果更好。对比构件 PW2 和构件 PW3，构件的主要裂缝不同，构件 PW2 的主要裂缝在竖向接缝处，两者水平裂缝以及斜裂缝的分布情况类似，观察两者的裂缝分布，构件 PW3 的裂缝分布更接近于现浇剪力墙，即相对于构件 PW2 来说，构件 PW3 的整体性能更接近于现浇剪力墙。

6.7.2 承载力及变形能力

表 6.7 给出 3 个剪力墙构件在各个特征点的平均承载力。

表 6.7 不同连接类型剪力墙试验结果对比

构件编号	屈服点		峰值点		极限点		位移延性系数 u
	F/kN	Δ/mm	F/kN	Δ/mm	F/kN	Δ/mm	
SW1	202.6	5.5	329.9	49.5	325.5	68.0	12.3
PW1	222.9	7.7	289.4	47.5	235	56.1	7.3
PW2	310.8	6.4	367.2	58.9	372.5	78.2	12.2
PW3	251.4	7.8	374.8	34.6	306	54.3	7.0

带水平和竖向缝的预制装配式剪力墙在各阶段承载力均高于现浇剪力墙。与带水平缝预制装配式剪力墙构件 PW1 相比来说，两者屈服位移和位移延性系数基本一致，但构件 PW3 在各阶段的承载力都高于构件 PW1。对比分析带竖向缝预制装配式剪力墙构件 PW2，两者峰值荷载基本相同，构件 PW2 的屈服承载力和极限承载力较高，且位移延性系数较大并接近于现浇剪力墙。综合来看，带水平和竖向缝预制装配式剪力墙构件结合了构件 PW1 和构件 PW2 的特点，构件屈服前和构件破坏后的各项特点接近于构件 PW1；构件在进入塑性阶段后的各项特征更接近于构件 PW2。总的来说，构件 PW3 的各项性能令人满意，可以应用在实际工程中。

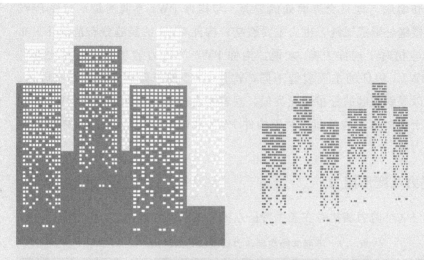

第7章　新型预制装配式剪力墙的
非线性有限元分析

7.1　概述

近年来，随着计算机技术的成熟，有限元数值模拟在科研领域中的应用越来越广泛，不仅使工程中众多复杂的问题通过有限元数值模拟得以解决，而且在实际中由构件数量的局限性造成的对结构或构件的受力性能得不到充分了解等问题得以解决。

本章采用非线性有限元软件 ABAQUS 为模拟平台，分别对现浇剪力墙与装配式剪力墙在竖向荷载和往复水平力共同作用下的受力全过程进行有限元数值模拟，建立合理可靠的建模方式与模型参数，分析各参数下装配式剪力墙的强度、刚度、破坏模式等，为三种带不同接缝形式的装配式剪力墙提供更为合理的布置方案。

7.2　有限元模型

7.2.1　ABAQUS 简介

ABAQUS 软件包含的 ABAQUS/Standard 模块不仅可以求解大多线性与非线

性问题，而且可以模拟大部分材料的线性与非线性行为，表现出强大的计算能力，可以较为准确地解决本章所研究的问题。本章有限元分析主要通过以下几个步骤：确定单元类型、选择合理量纲、建立模型、施加约束及边界条件、确定加载方式、划分精细网格以及通过后处理模块得到结果。其中在建模过程中需要统一量纲，本章所有的量纲为牛顿（N）和米（m）。

7.2.2 材料本构

（1）混凝土本构

有限元软件 ABAQUS 对剪力墙模拟计算结果的可靠性和准确度都取决于采用的钢筋及混凝土本构关系是否准确[83]。

ABAQUS 有限元软件中，存在着多种混凝土本构模型，其中科研学者较为常用的模型为混凝土弥散裂纹模型、混凝土裂纹模型和混凝土塑性损伤模型[82-84]。其中弥散裂纹模型主要应用在单调荷载下的钢筋混凝土结构与素混凝土结构；裂纹模型只考虑混凝土受拉线性情况，对不连续的脆性情况反映较好而对现实情况下的混凝土结构反应较差；塑性损伤模型可描述混凝土材料在试验过程中不可恢复的损伤，较为准确地反映混凝土材料的力学性能。因此，本章为了模拟剪力墙抗震性能的精确性与实际性，选取混凝土塑性损伤模型，单向荷载下混凝土的拉伸与压缩应力-应变曲线如图 7.1 所示。

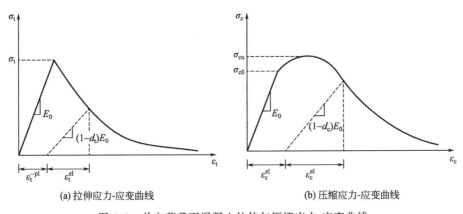

(a) 拉伸应力-应变曲线　　　　(b) 压缩应力-应变曲线

图 7.1　单向荷载下混凝土拉伸与压缩应力-应变曲线

混凝土拉伸与压缩应力-应变曲线由《混凝土结构设计规范》（GB 50010—2010）[70] 给出。

① 受拉时

$$\sigma = (1 - d_t) E_c \varepsilon \tag{7.1}$$

107

第7章　新型预制装配式剪力墙的非线性有限元分析

$$d_t = \begin{cases} 1 - \rho_t (1.2 - 0.2x^5) & x \leqslant 1 \\ 1 - \dfrac{\rho_t}{\alpha_t (x-1)^{1.7} + x} & x > 1 \end{cases} \tag{7.2}$$

$$x = \frac{\varepsilon}{\varepsilon_{t,r}} \tag{7.3}$$

$$\rho_t = \frac{f_{t,r}}{E_c \varepsilon_{t,r}} \tag{7.4}$$

式中　α_t——混凝土单轴受拉状态下的应力-应变曲线下降段参数，按表 7.1 计算取用；

　　　$f_{t,r}$——混凝土单轴抗拉强度代表值；

　　　$\varepsilon_{t,r}$——混凝土单轴抗拉强度 $f_{t,r}$ 所对应的峰值拉应变，按表 7.1 计算取用；

　　　d_t——混凝土单轴受拉状态下的损伤演化参数。

表 7.1　混凝土单轴受拉应力-应变曲线的参数取值

$f_{t,r}/(\text{N/mm}^2)$	1.0	1.5	2.0	2.5	3.0	3.5	4.0
$\varepsilon_{t,r}(10^{-6})$	65	81	95	107	118	128	137
α_t	0.31	0.70	1.25	1.95	2.81	3.82	5.00

② 受压时

$$\sigma = (1 - d_c) E_c \varepsilon \tag{7.5}$$

$$d_c = \begin{cases} 1 - \dfrac{\rho_c n}{n - 1 + x^n} & x \leqslant 1 \\ 1 - \dfrac{\rho_c}{\alpha_c (x-1)^2 + x} & x > 1 \end{cases} \tag{7.6}$$

$$\rho_c = \frac{f_{c,r}}{E_c \varepsilon_{c,r}} \tag{7.7}$$

$$n = \frac{E_c \varepsilon_{c,r}}{E_c \varepsilon_{c,r} - f_{c,r}} \tag{7.8}$$

$$x = \frac{\varepsilon}{\varepsilon_{c,r}} \tag{7.9}$$

式中　α_c——混凝土轴心受压应力应变曲线下降段参数，按表 7.2 计算取用；

　　　$f_{c,r}$——混凝土轴心抗压强度代表值；

　　　$\varepsilon_{c,r}$——与 $f_{c,r}$ 对应的混凝土峰值压应变；

　　　d_c——混凝土单轴受拉状态下的损伤演化参数。

表 7.2 混凝土单轴受压应力-应变曲线参数取值

$f_{c,r}/(\text{N/mm}^2)$	20	25	30	35	40	45	50	55	60	65	70	75	80
$\varepsilon_{c,r}(10^{-6})$	1470	1560	1640	1720	1790	1850	1920	1980	2030	2080	2130	2190	2240
α_c	0.74	1.06	1.36	1.65	1.94	2.21	2.48	2.74	3.00	3.25	3.50	3.75	3.99
$\varepsilon_{cu}/\varepsilon_{c,r}$	3.0	2.6	2.3	2.1	2.0	1.9	1.9	1.8	1.8	1.7	1.7	1.7	1.6

注：ε_{cu} 为应力应变曲线下降段应力等于 $0.5f_{c,r}$ 时的混凝土压应变。

（2）钢筋本构

钢筋的材料属性与混凝土有较大差异，其材料属性是均质的。目前，双折线模型、三折线模型为 ABAQUS 软件中最为常用的钢筋本构模型[53]。本章模拟因试验选用的为无明显流幅的钢材而选取双折线模型，其本构关系如图 7.2 所示。

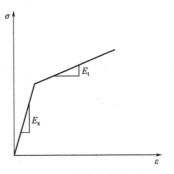

图 7.2 钢筋本构关系

钢筋本构关系曲线计算公式由《混凝土结构设计规范》（GB 50010—2010）给出[70]。

$$\sigma = \begin{cases} E_s\varepsilon & \varepsilon \leqslant \varepsilon_s \\ \sigma_s + E_t(\varepsilon - \varepsilon_s) & \varepsilon > \varepsilon_s \end{cases} \quad (7.10)$$

7.2.3 单元选择

本章模拟混凝土选取 ABAQUS 软件库中的实体单元 C3D8R 进行有限元模拟。实体单元可在其任何表面与其他单元连接，其单元模型如图 7.3 所示。钢筋选取桁架单元（TRUSS），2 节点三维桁架单元 T3D2 模拟钢筋的应力应变关系，其单元模型如图 7.4 所示。

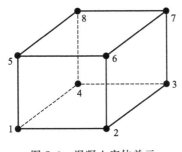

图 7.3 混凝土实体单元

图 7.4 钢筋桁架单元

7.2.4 材料参数

在有限元模拟分析中，材料参数对模拟构件的计算效率及收敛性影响较大。而对于混凝土塑性损伤模型除损伤部分外，塑性部分的膨胀角、偏心率、双轴极限抗压强度与单轴极限抗压强度之比 f_{b0}/f_{c0}、拉伸子午面上和压缩子午面上的第二不变应力量之比 K 四个参数对模拟的准确性有着不同程度的影响。本章模拟取膨胀角为 40°、偏心率取默认值 0.1、f_{b0}/f_{c0} 取为 1.16、K 则通常取为 2/3。

黏性系数是反映混凝土黏塑性的参数，它能够有效地提高模拟计算的效率，提升模拟构件的收敛性，确保计算结果的准确性。在 ABAQUS 有限元模拟中，模型的裂缝分布、破坏形态与黏性系数密切相关，为了较为准确地模拟结构的受力性能，需选取合理的黏性系数，此外黏性系数与模型的计算效率、收敛性和刚度正相关，与模拟结果的准确性负相关。本章在综合考虑的情况下取黏性系数为 0.005。

7.2.5 部件装配及分析步

选取合适的量纲并进行坐标计算，分别创建加载梁、墙体、地梁与钢筋等部件，各部件均与实际试验保持一致。将部件实体化后通过移动、阵列等命令进行整体的装配，最后完成整个剪力墙模型。

在 ABAQUS 模拟计算过程中，为使模拟计算更加准确，开启几何非线性开关。本书以剪力墙施加竖向荷载为第一分析步，以剪力墙施加水平位移荷载为第二分析步，各分析步中模拟的初始增量步设置为 0.001，最小增量步设置为 10^{-5}。

7.2.6 边界条件

关于荷载，为防止应力集中剪力墙出现偏压情况，将轴压力换算成压强输入分析步一中。分析步二中往复荷载添加则通过在加载梁一侧的参考点上按幅值施加位移来实现。

关于约束，验证试验剪力墙模型共采用 tie 约束、耦合约束、Embed 内置区域三种约束形式。使用 tie 约束以加载梁、地梁为主面，剪力墙为从面来定义三者之间的接触面，保证接触面之间在整个加载分析过程中不会出现相对滑动，以内置区域的方式来模拟钢筋网架与混凝土之间的关系。

剪力墙模型包含加载梁的加载端面及地梁两个边界条件。其中，约束地梁的位移及转角来创建地梁的边界条件；采用位移转角的边界条件施加位移荷载。

7.2.7 网格划分

网格划分尺寸的大小对模型的计算准确性及效率有重要影响，网格尺寸越小，模拟结果与实际情况越接近，但是计算迭代次数越多时间越长；网格尺寸越大，计算速度越快，但是计算准确性及收敛性越差。自由网格划分、扫掠网格划分、结构化网格划分为 ABAQUS 中最常用的网格划分技术。其中自由网格划分技术目前应用相对较少；扫掠网格划分技术则是在生成面网格的基础上再沿着扫掠路径生成网格，适用于相对较为复杂的模型；结构化网格划分适用范围最广，适用于剪力墙等形状规则的结构。依据三种网格划分技术的特点与本章模型的类型，本章模拟采用结构化网格划分的技术，混凝土与钢筋网架的网格划分长度均取为 100mm。

7.2.8 模型简介

现浇剪力墙模型采用分离法建模，钢筋采用双折线模型，钢筋力学性能见表 7.3。有限元模型如图 7.5 与图 7.6 所示。剪力墙及钢筋网架的网格划分如图 7.7 与图 7.8 所示。

表 7.3 钢筋的材料力学性能

钢筋直径/mm	屈服承载力/MPa	极限承载力/MPa	弹性模量/10^5MPa
8	372.5	563.8	2.0
10	413.2	591.0	2.0
12	404.1	674.0	2.0
14	460.6	554.8	1.8

图 7.5 剪力墙有限元模型

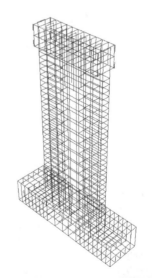

图 7.6 剪力墙钢筋网架有限元模型

相比于现浇剪力墙，装配式剪力墙存在预制混凝土与后浇混凝土接触面。新老混凝土接触面的模拟主要包括两部分，一是通过摩擦因子来反映新老混凝土接触面之间切向关系，摩擦系数取 0.6；二是采用硬接触的接触方式来反映新老混凝土界

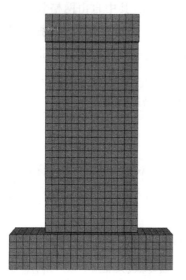

图 7.7　剪力墙网格划分

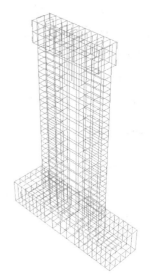

图 7.8　钢筋网架网格划分

面之间的法向行为。其余建模步骤及方法与现浇墙一致。带竖向缝装配式剪力墙配筋及尺寸如图 5.1 所示，模型如图 7.9 所示，剪力墙及钢筋网架网格划分别如图 7.10 所示。带水平缝装配式剪力墙配筋及尺寸如图 4.6 所示，模型如图 7.11 所示，剪力墙及钢筋网架网格划分别如图 7.12 所示。带水平与竖向缝装配式剪力墙配筋及尺寸如图 6.1 所示，模型如图 7.13 所示，剪力墙及钢筋网架网格划分分别如图 7.14 所示。

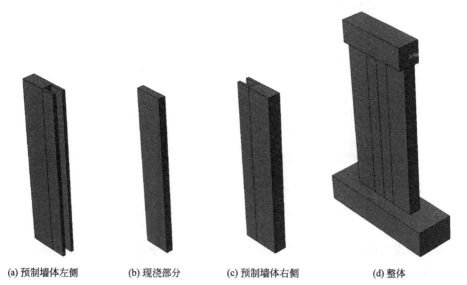

(a) 预制墙体左侧　　　(b) 现浇部分　　　(c) 预制墙体右侧　　　(d) 整体

图 7.9　带竖向缝装配式剪力墙有限元模型

预制装配式剪力墙结构连接关键技术

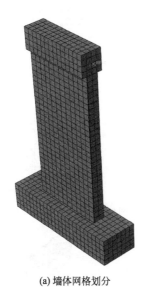
(a) 墙体网格划分

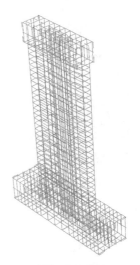
(b) 钢筋网架网格划分

图 7.10　带竖向缝装配式剪力墙网格划分

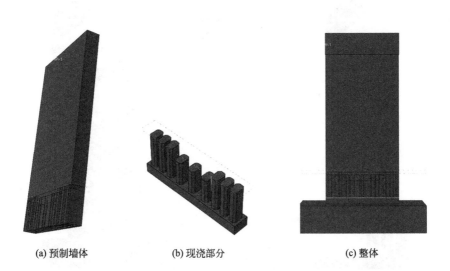

(a) 预制墙体　　　　　(b) 现浇部分　　　　　(c) 整体

图 7.11　带水平缝装配式剪力墙有限元模型

第7章　新型预制装配式剪力墙的非线性有限元分析

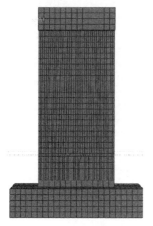

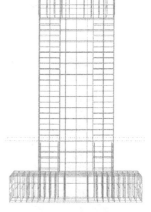

(a) 墙体网格划分　　　　(b) 现浇部分网格划分　　　　(c) 钢筋骨架网格划分

图 7.12　带水平缝装配式剪力墙网格划分

(a) 墙体左侧　　　　　　(b) 墙体中部　　　　　　(c) 墙体右侧

(d) 墙体水平现浇部分　　　　　　　　(e) 整体

图 7.13　带水平与竖向缝装配式剪力墙有限元模型

预制装配式剪力墙结构连接关键技术

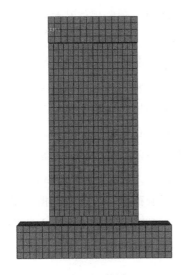

(a) 剪力墙网格划分　　　　　　　　　　(b) 钢筋网格划分

图 7.14　带竖向与水平缝装配式剪力墙模型网格划分

7.3　带水平缝预制装配式剪力墙有限元模拟结果

通过对带水平缝的预制装配式剪力墙进行有限元模拟，得到剪力墙正向加载至极限位移时的应力云图如图 7.15 所示，试验结果如图 4.29 所示。墙体角部位置应力集中，角部混凝土与钢筋应力最大，应力由后浇带的角部位置向墙体四周扩散，且从墙体角部至加载梁应力逐渐减小。有限元模拟结果与试验过程墙体角部混凝土被压溃，暗柱区连接插筋变形明显，最后受压压断现象一致，且模拟剪力墙的应力

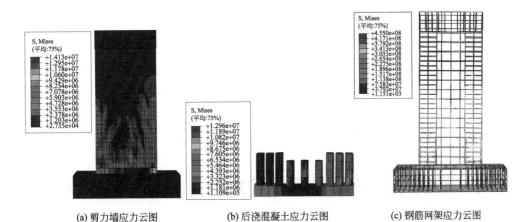

(a) 剪力墙应力云图　　　　(b) 后浇混凝土应力云图　　　　(c) 钢筋网架应力云图

图 7.15　带水平缝装配式剪力墙模拟应力云图

分布情况与试验过程中裂缝的分布形态一致，破坏时，预制墙体孔洞中后浇混凝土变形明显，与后浇混凝土应力云图中应力分布吻合。

图 7.16 给出带水平缝装配式剪力墙试验与模拟的骨架曲线对比情况。构件正向加载时模拟与试验的初始刚度基本一致，构件处于弹塑性阶段时两者骨架曲线几乎重合；构件负向加载时，模拟的初始刚度比试验刚度略大，但试验与模拟骨架曲线的发展趋势一致，正负向加载模拟与试验曲线均存在明显的下降段。表 7.4 给出了剪力墙在模拟与试验下的荷载特征值对比数据。后浇混凝土浇筑不密实导致连接插筋在试验过程中在孔洞内发生了滑移，最终导致剪力墙在正反向加载时的峰值荷载与屈服荷载偏差较大，但无论是峰值荷载还是屈服荷载，试验与模拟的正反向均值误差均未超过 10%。有限元与试验吻合较好，可以采用此种建模方法进行第 4章的对带水平缝装配式剪力墙参数分析。

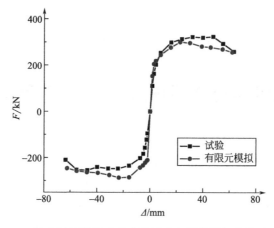

图 7.16　带水平缝装配式剪力墙试验与模拟骨架曲线对比图

表 7.4　带水平缝装配式剪力墙模拟与试验的荷载对比

构件	屈服荷载/kN			峰值荷载/kN		
	正向	反向	平均	正向	反向	平均
试验	262.76	220.64	241.70	323.75	255.00	289.38
模拟	252.55	250.12	251.34	300.16	286.57	293.37
误差/%	3.89	11.79	3.84	7.29	11.02	1.36

7.4　带竖向缝预制装配式剪力墙有限元模拟结果

通过对带竖向缝的预制装配式剪力墙进行有限元模拟，得到剪力墙正向加载至极限位移时的应力云图，如图 7.17 所示，试验结果如图 7.18 所示。墙体角部位置应力集中，角部混凝土与钢筋应力最大，从墙体角部至加载梁应力逐渐减小。有限元模拟结果与试验过程墙体角部混凝土被压溃，墙体角部竖向钢筋被拉断现象一致，且模拟剪力墙的应力分布情况与试验过程中裂缝的开展规律相一致。

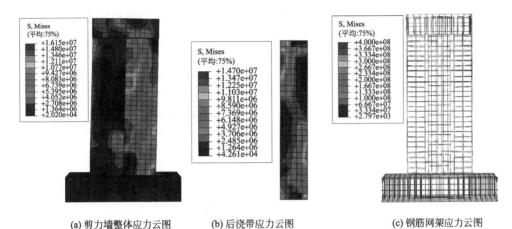

(a) 剪力墙整体应力云图　　　　(b) 后浇带应力云图　　　　(c) 钢筋网架应力云图

图 7.17　带竖向缝装配式剪力墙应力云图

(a) 试验结果正面图　　　　　　　　　　(b) 试验结果侧面图

图 7.18　试验结果图

图 7.19 给出了带竖向缝装配式剪力墙试验与模拟的骨架曲线对比情况。构件正向加载时模拟与试验的初始刚度基本一致；构件负向加载时，试验与模拟的刚度在构件处于弹性阶段时吻合较好，随着构件继续加载，有限元模拟的刚度比试验刚

度要大。模拟曲线存在明显的下降段,而试验由于构件破坏严重,为了安全考虑不宜继续加载而停止试验,因此试验曲线下降段不明显。表7.5给出了构件在模拟与试验下的屈服荷载及峰值荷载对比数据。由于构件在浇筑或试验时存在误差,导致构件的屈服荷载与峰值荷载在试验中正反向加载时得到的数值存在偏差,与模拟结果存在一定的差距,但无论是峰值荷载还是屈服荷载,试验与模拟的正反向平均值误差均未超过10%。有限元模拟与试验吻合较好,可以采用此种建模方法对带竖向缝装配式剪力墙进行更深入的有限元模拟参数分析。

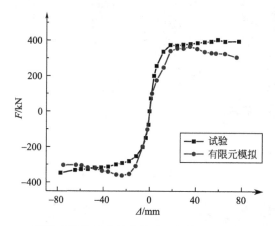

图7.19 带竖向缝装配式剪力墙试验与模拟骨架曲线对比图

表7.5 带竖向缝装配式剪力墙模拟与试验的荷载对比

构件	屈服荷载/kN			峰值荷载/kN		
	正向	反向	平均	正向	反向	平均
试验	340.60	281.90	311.25	404.10	347.70	375.90
模拟	320.27	315.61	317.94	366.30	362.70	364.50
误差/%	6.00	10.00	2.10	9.30	4.13	3.00

7.5 带水平和竖向缝预制装配式剪力墙有限元模拟结果

通过对带水平与竖向缝的预制装配式剪力墙进行有限元模拟,得到剪力墙正向加载至极限位移时的应力云图,如图7.20所示,试验结果如图7.21所示。由墙体有限元模拟应力云图可以看出,剪力墙构件应力集中于墙角及竖向接缝中上部与墙身中上部,与试验后期墙角混凝土压溃、竖向接缝开裂贯穿及墙身上部出现水平裂缝等现象相符合;应力主要集中在墙体边缘构件最外侧竖向钢筋处,与试验结果钢筋破坏位置与情况相吻合。

预制装配式剪力墙结构连接关键技术

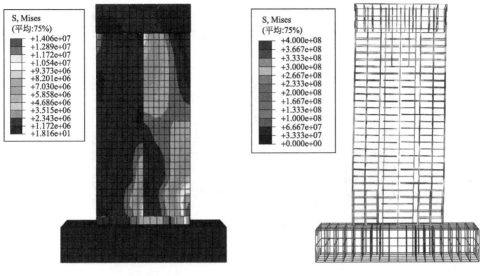

(a) 剪力墙整体应力云图   (b) 钢筋网架应力云图

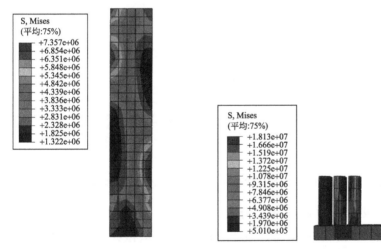

(c) 竖向后浇带应力云图   (d) 水平后浇带应力云图

图 7.20　带水平与竖向缝装配式剪力墙应力云图

　　图 7.22 给出了带水平与竖向缝装配式剪力墙试验与模拟的骨架曲线对比情况。构件正向加载时模拟与试验的初始刚度基本一致，构件进入弹塑性阶段后两者骨架曲线基本重合；构件负向加载时，两者的初始刚度相同，构件进入弹塑性阶段后模拟刚度比试验刚度要大，但试验与模拟骨架曲线的发展趋势一致。正负向加载模拟与试验曲线均存在明显的下降段，且正负向骨架曲线下降速度一致。表 7.6 给出了构件在模拟与试验下的承载力特征值对比数据。试验过程中插筋可能发生了一定的

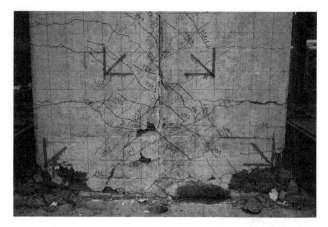

图 7.21 带水平与竖向缝装配式剪力墙破坏图

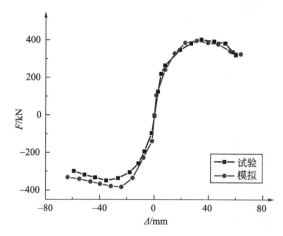

图 7.22 带水平和竖向缝装配式剪力墙模拟与试验骨架曲线对比图

滑移,导致试验屈服荷载正负向、峰值荷载正负向均有一定的差异,但其与模拟数值的差距均未超过 10%,且均值差异较小。ABAQUS 有限元模拟与试验吻合较好,可采用此种方法对带水平与竖向缝装配式剪力墙进行更深入的有限元模拟分析。

表 7.6 带水平和竖向缝装配式剪力墙模拟与试验的荷载对比

构件	屈服荷载/kN			峰值荷载/kN		
	正向	反向	平均	正向	反向	平均
试验	330.34	295.81	313.08	402.01	348.99	375.50
模拟	332.98	317.21	325.10	396.37	383.32	389.85
误差/%	0.80	7.23	3.84	1.42	9.84	3.82

7.6 误差分析

在实际工程中采用有限元数值模拟的方法可以很大程度上弥补试验构件数量有限、制作周期长、造价高以及人力、物力消耗较大等缺点，为试验的深入研究提供了一种简单、灵活的研究方法。另一方面，有限元计算不能完全将实际情况反映出来，故计算结果会存在不可避免的误差。经研究，模拟与试验不能完全吻合产生误差的原因主要有以下几点。

① 采用有限元模拟分析问题时存在一些理想化的条件，比如钢筋与混凝土材料的本构、模拟的加载制度、构件的边界条件等。

② 构件在生产与制作时残留的初始缺陷以及在试验操作中存在的一些不可避免的误差，如构件的加载不均匀、工人的操作及试验过程中人工读数的误差等。

③ 采用 ABAQUS 有限元软件分析钢筋混凝土构件时并未考虑钢筋界面与混凝土界面之间的滑移影响。

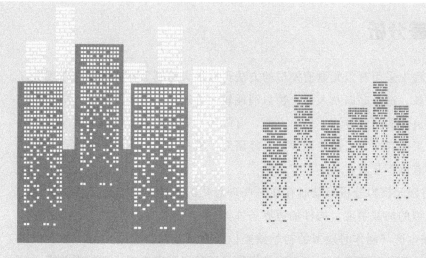

第8章 带水平缝预制装配式剪力墙有限元参数分析

8.1 插筋长度影响

本章在保证剪力墙其他参数不变的情况下，以竖向插筋搭接长度为参数，设计了5片剪力墙，研究插筋长度对装配式剪力墙抗震性能的影响。为方便区分，将初始带竖向缝装配式剪力墙以编号 PW1 表示，其余四片墙体编号分别为 DPW1、DPW2、DPW3、DPW4。各构件除表 8.1 中的变化参数外，其余参数与构件 PW1 保持一致，构件插筋长度设计的具体参数如表 8.1 所示。

表 8.1 构件插筋长度参数

构件 编号	墙体边缘 插筋长度	墙体边缘 插筋直径 d/mm	墙体中间 插筋长度	墙体中间 插筋直径 d/mm
PW1	$45d$	12	$53d$	8
DPW1	$40d$	12	$53d$	8
DPW2	$35d$	12	$53d$	8
DPW3	$45d$	12	$45d$	8
DPW4	$45d$	12	$40d$	8

8.1.1 滞回曲线与骨架曲线

构件 PW1、DPW1、DPW2、DPW3、DPW4 的滞回曲线如图 8.1 所示。

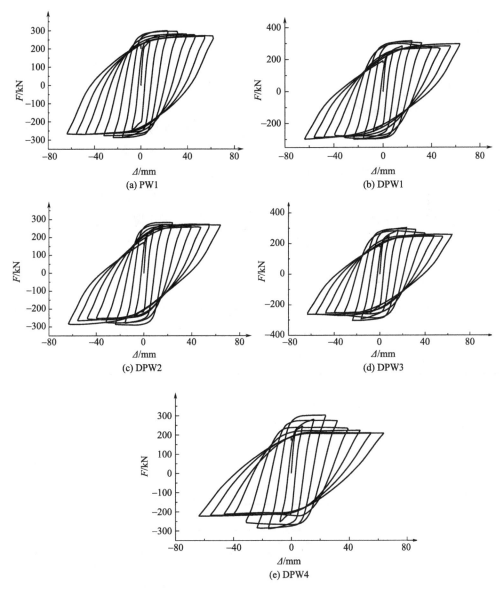

图 8.1 不同插筋长度构件滞回曲线

构件 PW1 滞回曲线最为饱满，即其耗能最好；构件 PW1、DPW1、DPW2、DPW3 滞回曲线形态大体相似，峰值荷载后构件承载力均有小速率的下降，即四个剪力墙构件均有良好的延性；构件 DPW4 峰值荷载后承载力下降速度较快，体

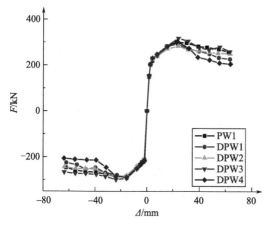

图 8.2 不同插筋长度构件骨架曲线

现出较差的延性性能。

构件 PW1、DPW1、DPW2、DPW3、DPW4 的骨架曲线如图 8.2 所示。

不同插筋长度下带水平接缝装配式剪力墙的骨架曲线走势相同，都存在弹性、屈服、峰值，极限等几个阶段。构件开裂前，各构件的弹性刚度与墙体边缘插筋及墙体中间插筋长度无关，骨架曲线高度吻合。构件开裂后，各构件的峰值荷载值无较大差异。当构件承载力达到最大荷载后，不同插筋长度构件的承载力均存在明显的下降段，各构件荷载下降速率略有不同，其中构件 PW1 下降最慢，构件 DPW4 下降最快。

8.1.2 承载力与变形

不同剪跨比的带竖向缝装配式剪力墙的数值模拟结果见表 8.2 与表 8.3。其中表 8.2 列出了各构件的承载力特征值，表 8.3 列出了各构件的位移特征值与延性。

表 8.2 不同插筋长度构件承载力特征值

构件编号	屈服荷载/kN			峰值荷载/kN			极限荷载/kN		
	正向	负向	均值	正向	负向	均值	正向	负向	均值
PW1	252.55	250.12	251.34	300.16	286.57	293.37	257.19	246.19	251.69
DPW1	242.67	239.44	241.06	291.62	292.62	292.12	256.62	244.73	250.68
DPW2	236.07	232.95	234.51	282.62	286.93	283.77	252.39	243.49	247.94
DPW3	252.35	241.62	246.99	307.41	298.77	303.09	259.03	246.02	252.53
DPW4	248.71	237.24	242.98	302.52	287.96	295.24	244.97	234.56	239.77

表 8.3 不同插筋长度构件位移特征值与延性

构件编号	屈服位移/mm			峰值位移/mm			极限位移/mm			构件延性
	正向	负向	均值	正向	负向	均值	正向	负向	均值	
PW1	8.40	9.55	9.00	22.63	23.31	22.97	62.07	63.60	62.84	6.98
DPW1	9.00	10.28	9.64	23.45	22.81	23.13	63.17	62.13	62.65	6.50
DPW2	9.13	9.89	9.51	23.74	23.88	23.81	60.25	59.60	59.93	6.30
DPW3	9.78	9.66	9.72	23.99	23.61	23.80	63.11	60.76	61.94	6.37
DPW4	9.53	9.55	9.54	23.07	23.75	23.41	38.63	31.16	34.90	3.66

预制装配式剪力墙结构连接关键技术

在表 8.2 不同插筋长度构件承载力特征值数据中,改变墙体边缘插筋长度或墙体中间插筋长度对剪力墙的屈服荷载无影响,各构件的屈服荷载数值接近;对于峰值荷载,改变墙体中间插筋长度对其影响不大,墙体边缘插筋长度取 40d 或 45d 时,峰值荷载数值相差不大,当墙体边缘插筋长度取 35d 时,构件的峰值荷载略有下降,构件 DPW2 的峰值荷载分别比构件 DPW1、PW1 低 2.9%、3.4%;对于极限荷载,墙体边缘插筋长度取 35d、40d、45d 均对其无明显影响,墙体中间插筋长度取 45d、53d 对其无影响。墙体中间插筋取 40d 时,构件的承载力下降速度较快,当位移达到 34.9mm 时,构件承载力已下降到其峰值荷载的 85%,故取 34.9mm 为其极限位移,其余构件加载至结束承载力均未下降到峰值荷载的 85%,故取加载结束时的位移为极限位移。

在表 8.3 不同插筋长度构件位移特征值与延性数据中,提高边缘墙体插筋长度或提高墙体中间插筋长度均可提升剪力墙的延性,但提高幅度不大;当墙体中间插筋长度取 40d 时,由于其承载力下降较快,其延性系数降幅较大。

8.1.3 刚度退化曲线

改变插筋长度设计参数的带水平缝装配式剪力墙的刚度退化曲线如图 8.3 所示。各构件的刚度退化曲线趋势大致相同,且加载前期各构件的刚度退化曲线相吻合,构件 DPW4 的刚度退化速率最大,其余构件速率相似,各构件在加载到极限位移时的刚度曲线基本重合。

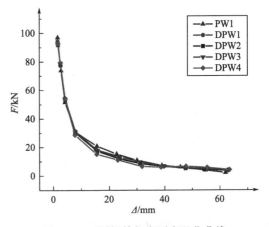

图 8.3　不同插筋长度刚度退化曲线

8.1.4 耗能能力

构件的耗能及能量耗散系数与位移关系如图 8.4 所示,表 8.4 列出各构件的总耗能、能量耗散系数与耗能相对值。

水平位移在 23mm 之前,各构件的单圈耗能基本接近,水平位移超过 23mm 时,构件 PW1、DPW1 的单圈耗能能力开始优于其余三个构件,其中构件 DPW4 的单圈耗能能力与极限位移时能量耗散系数最低。

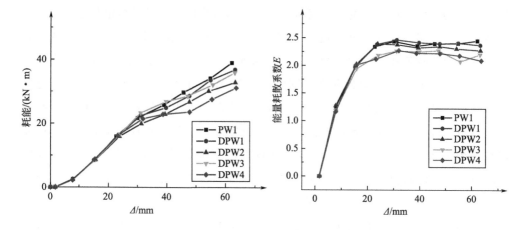

图 8.4　不同插筋长度构件耗能曲线

表 8.4　不同插筋长度构件耗能能力

构件编号	总耗能/(kN·m)	能量耗散系数 E	耗能相对值
PW1	177.29	2.44	1
DPW1	165.56	2.36	0.93
DPW2	163.47	2.27	0.92
DPW3	174.40	2.20	0.98
DPW4	153.76	1.90	0.86

　　构件 PW1 的总耗能与能量耗散系数最大，构件 DPW1、DPW2、DPW3 的总耗能与能量耗散系数略低于构件 PW1，构件 DPW4 的总耗能比 PW1 低 14%，能量耗散系数低 28%，即降低墙体边缘与墙体中部插筋长度都会降低剪力墙的耗能能力，降低程度与插筋搭接长度降低数值有关，当墙体中部插筋搭接长度降低超过 50mm 时，剪力墙耗能能力有明显降低。

8.2　后浇带厚度影响

　　为了进一步研究装配式剪力墙采用竖向浆锚连接的方式在不同厚度楼板中的适用性，本书以不同后浇带厚度为参数，在原构件 PW1 的基础上，设计了四片剪力墙，研究后浇带厚度对竖向浆锚连接装配式剪力墙抗震性能的影响。其中后浇带厚度选取工程中常用楼板厚度，各构件除表 8.5 中的变化参数外，其余参数均与构件 PW1 保持一致，各构件编号及具体参数如表 8.5 所示。

表 8.5　构件后浇带厚度设计参数

构件编号	墙体高度/mm	墙体宽度/mm	墙体厚度/mm	后浇带厚度/mm	后浇带体积占比/%
PW1	2800	1400	200	120	4.30
LPW1	2800	1400	200	80	2.80
LPW2	2800	1400	200	100	3.60
LPW3	2800	1400	200	150	5.36
LPW4	2800	1400	200	200	7.14

8.2.1　滞回曲线与骨架曲线

　　构件 LPW1、LPW2、LPW3、LPW4 的滞回曲线如图 8.5 所示。后浇带厚度不同的竖向浆锚连接剪力墙各构件滞回曲线形态基本相同,滞回环饱满程度略有差异,后浇带越厚,滞回曲线越饱满。当构件达到峰值荷载后,后浇带厚度小的构件承载力下降趋势略快。

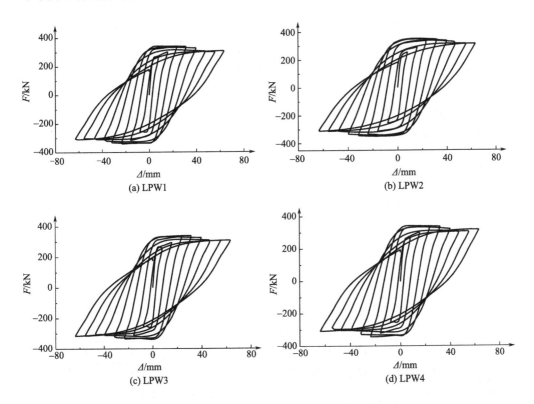

图 8.5　不同后浇带厚度构件滞回曲线

第8章　带水平缝预制装配式剪力墙有限元参数分析

构件 PW1、LPW1、LPW2、LPW3、LPW4 的骨架曲线如图 8.6 所示。

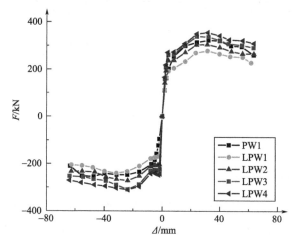

图 8.6　不同后浇带厚度构件骨架曲线

各构件正向加载与反向加载的曲线基本对称，不同后浇带厚度下的骨架曲线趋势大致相同。构件屈服前，各构件的骨架曲线基本呈线性发展，均处于弹性状态，各构件的初始刚度相同，但构件的屈服点刚度随着后浇带厚度的增大而增大。随着位移的增加，构件进入非弹性状态，各构件的刚度开始下降，但承载力保持上升趋势。承载力达到峰值荷载后开始逐步下降，构件 LPW1 下降速度略快，其余构件速率大致相同，当位移达到极限位移时，承载力均未下降到峰值荷载的 85%，表明构件受力性能良好。

8.2.2　承载力及变形

不同后浇带厚度竖向浆锚连接装配式剪力墙的数值模拟结果见表 8.6 与表8.7。其中表 8.6 列出了各构件的承载力特征值，表 8.7 列出了各构件的位移特征值与延性。

表 8.6　不同后浇带厚度构件承载力特征值

构件编号	屈服荷载/kN			峰值荷载/kN			极限荷载/kN		
	正向	负向	均值	正向	负向	均值	正向	负向	均值
PW1	252.55	250.12	251.34	300.16	286.57	293.37	257.19	246.19	251.69
LPW1	219.21	191.80	205.51	267.98	250.31	259.15	227.83	205.58	216.71
LPW2	246.83	242.59	244.71	294.79	282.09	288.44	255.06	242.58	248.82
LPW3	261.09	251.50	256.30	328.62	318.78	323.70	281.24	262.78	272.01
LPW4	271.25	245.08	258.17	334.87	330.46	332.67	299.60	280.65	290.12

预制装配式剪力墙结构连接关键技术

表 8.7　不同后浇带厚度构件位移特征值与延性

构件编号	屈服位移/mm			峰值位移/mm			极限位移/mm			构件延性
	正向	负向	均值	正向	负向	均值	正向	负向	均值	
PW1	8.40	9.55	9.00	22.63	23.31	22.97	62.07	63.60	62.84	6.98
LPW1	11.83	10.31	11.07	23.15	31.53	27.34	61.54	62.57	62.06	5.61
LPW2	9.55	9.43	9.49	23.63	23.68	23.66	63.42	62.63	63.03	6.64
LPW3	9.48	9.59	9.54	23.97	23.79	23.88	63.18	63.82	63.50	6.66
LPW4	10.15	8.63	9.39	23.98	23.51	23.75	63.44	63.87	63.66	6.78

在表 8.6 不同后浇带厚度构件承载力特征值数据中，采用竖向浆锚连接装配式剪力墙的承载力特征值随着后浇带厚度的增大而增大。当构件后浇带厚度由 200mm 降到 150mm 时，即构件 LPW4 的屈服荷载、峰值荷载、极限荷载分别比构件 LPW3 高 0.7%、2.8%、6.6%；由 150mm 降到 120mm 时，构件 LPW3 分别比构件 PW1 高 1.9%、4.7%、8%；由 120mm 降到 100mm 时，构件 PW1 分别比构件 LPW2 高 2.7%、1.7%、1.2%；由 100mm 降到 80mm 时，构件 LPW2 分别比构件 LPW1 高 19%、11.3%、14.8%。由数据分析可知，当后浇带厚度降到 80mm 时，剪力墙的承载力特征值有高达 10% 以上的降值。

在表 8.7 不同后浇带厚度构件位移特征值与延性数据中，当剪力墙后浇带厚度大于 100mm 时，剪力墙的延性随着后浇带厚度的增大均有小幅度的增长；当剪力墙的后浇带厚度由 100mm 降到 80mm 时，剪力墙的延性系数降低 18%，延性性能降低较多。

8.2.3　刚度退化曲线

改变后浇带厚度设计参数的带水平缝装配式剪力墙的刚度退化曲线如图 8.7 所示。各构件的刚度退化曲线趋势基本一致，构件 PW1、LPW1、LPW2、LPW3 相互之间的差距较小，构件 LPW4 的初始刚度最小且刚度退化速度略快；后浇带厚度在 100mm 以上时，增加后浇带厚度会对剪力墙的初始刚度产生影响，但影响不大；各构件在加载到极限位移时的刚度曲线基本重合。

8.2.4　耗能能力

构件的耗能及能量耗散系数与位移关系如图 8.8 所示，表 8.8 列出各构件的总耗能、能量耗散系数与耗能相对值。

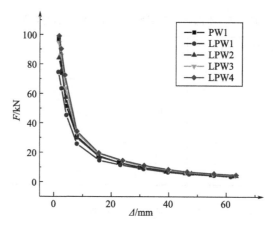

图 8.7 不同后浇带厚度刚度退化曲线

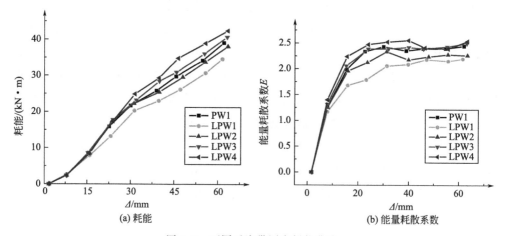

图 8.8 不同后浇带厚度耗能曲线

表 8.8 不同后浇带厚度构件耗能能力

构件编号	总耗能/(kN·m)	能量耗散系数 E	耗能相对值
PW1	177.29	2.44	1
LPW1	162.54	2.19	0.92
LPW2	177.22	2.26	0.99
LPW3	187.89	2.50	1.06
LPW4	198.53	2.54	1.12

　　水平位移加载至 16mm 之前，各构件的单圈耗能能力一致，超过 16mm 时，构件 LPW1 的单圈耗能能力开始低于其余构件，且相同位移下，构件的单圈耗能能力与能量耗散系数均随着后浇带厚度的增大而增大。

构件的总耗能和能量耗散系数与后浇带的厚度成正比，即后浇带越厚，剪力墙构件的耗能性能越好。

8.3 剪跨比影响

本书以构件 PW1 为原型（剪跨比为 2），通过改变墙体高度控制剪跨比，设计了四片剪力墙，编号分别为 BPW1、BPW2、BPW3、BPW4，各构件除表 8.9 中的变化参数外，其余参数均与构件 PW1 保持一致，各构件具体参数如表 8.9 所示。

表 8.9 带水平缝剪力墙剪跨比设计参数

构件编号	墙宽/mm	墙厚/mm	墙高/mm	剪跨比	后浇带厚度/mm	插筋配筋率
PW1	1400	200	2800	2.0	120	0.59%
BPW1	1400	200	2520	1.8	120	0.59%
BPW2	1400	200	2240	1.6	120	0.59%
BPW3	1400	200	1960	1.4	120	0.59%
BPW4	1400	200	1680	1.2	120	0.59%

8.3.1 滞回曲线与骨架曲线

构件 PW1、BPW1、BPW2、BPW3、BPW4 的滞回曲线如图 8.9 所示。

不同剪跨比下各构件的滞回曲线形态有明显差异，随着剪跨比的增大，滞回曲线越饱满，即剪切变形在总变形中占比逐渐减弱，其中构件 PW1 最饱满，构件 BPW4 饱满程度最差。剪力墙达到峰值荷载后，承载力降低速度随着轴压比的增大逐渐减缓。

构件 BPW1、BPW2、BPW3、BPW4、PW1 的骨架曲线如图 8.10 所示。

各构件的骨架曲线趋势大致相同，且各构件正反向承载力基本对称。剪跨比对带水平缝装配式剪力墙的开裂刚度与承载力影响较为明显，随着剪跨比的增大，剪力墙的初始刚度与峰值承载力均呈线性下降，但当构件达到最大荷载后承载力的下降速率随着剪跨比的增大而逐渐减缓，骨架曲线下降趋势逐渐平缓，剪力墙的变形能力随剪跨比的增大有较明显的改善。

8.3.2 承载力与变形

不同剪跨比的带水平缝装配式剪力墙的数值模拟见表 8.10 与表 8.11。其中表 8.10 列出了各构件的承载力特征值，表 8.11 列出了各构件的位移特征值与延性。

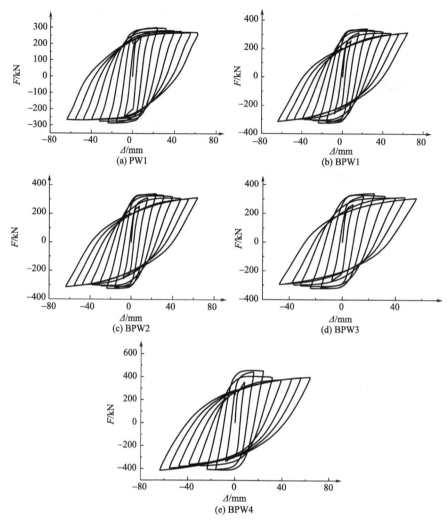

图 8.9　不同剪跨比构件滞回曲线

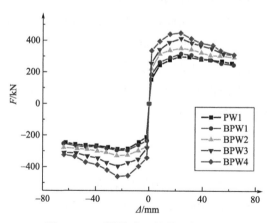

图 8.10　不同剪跨比构件骨架曲线

预制装配式剪力墙结构连接关键技术

表 8.10　不同剪跨比构件承载力特征值

构件编号	屈服荷载/kN			峰值荷载/kN			极限荷载/kN		
	正向	负向	均值	正向	负向	均值	正向	负向	均值
PW1	252.55	250.12	251.34	300.16	286.57	293.37	257.19	246.19	251.69
BPW1	263.08	248.07	255.58	318.03	295.00	306.52	277.78	273.09	275.44
BPW2	287.11	282.86	284.99	352.34	328.66	340.50	307.54	300.36	303.95
BPW3	336.32	331.41	333.87	414.20	395.48	404.84	369.57	345.44	357.51
BPW4	374.16	377.86	376.01	449.30	459.90	454.60	385.20	387.28	386.24

表 8.11　不同剪跨比构件位移特征值与延性

构件编号	屈服位移/mm			峰值位移/mm			极限位移/mm			构件延性
	正向	负向	均值	正向	负向	均值	正向	负向	均值	
PW1	8.40	9.55	9.00	22.63	23.31	22.97	62.07	63.60	62.84	6.98
BPW1	9.54	8.34	8.94	23.98	23.51	23.75	54.17	54.38	54.28	6.07
BPW2	8.69	8.46	8.58	22.90	22.68	22.79	45.92	46.31	46.12	5.36
BPW3	7.59	7.43	7.51	21.63	20.68	21.16	38.57	38.39	38.48	5.12
BPW4	6.70	6.79	6.75	19.89	20.53	20.20	31.54	31.24	31.39	4.65

随着构件剪跨比的增大，构件的承载力特征值均明显降低，其主要原因与带竖向缝装配式剪力墙剪跨比变化相同。构件 PW1 的屈服荷载、峰值荷载、极限荷载分别比 BPW1 低 1.69%、4.45%、9.43%；BPW1 分别比 BPW2 低 11.50%、11.08%、10.35%；BPW2 分别比 BPW3 低 17.15%、18.90%、17.62%；BPW3 分别比 BPW4 低 12.62%、12.30%、8.04%。同时对比构件的位移分析结果可知：在保持其他参数不变的情况下，剪力墙越矮其承载力越高，但变形能力越差，由此不能持续的承受荷载。

构件的位移特征值均与构件的剪跨比成正相关。构件的剪跨比在 1.2～1.8 之间时，极限位移随着剪跨比的增大而有较大的增长，但增幅逐渐减小，BPW3 比 BPW4 增大 22.58%，BPW2 比 BPW3 增大 19.85%，BPW1 比 BPW2 增大 17.91%，PW1 比 BPW2 增加 15.78%；BPW3 的峰值位移比 BPW4 增加 4.8%，BPW2 比 BPW3 增大 7.7%，BPW1 比 BPW2 增大 4.2%，PW1 比 BPW1 降低 3.4%，即剪跨比在 1.2～1.8 之间，构件峰值位移有较明显增长，超过 1.8 时，峰值位移有所减小；BPW3 的屈服位移比 BPW4 增大 11.3%，BPW2 比 BPW3 增大 14.3%，BPW1 比 BPW2 增大 4.2%，PW1 与 BPW1 相同，即剪跨比在 1.6 之前，随着剪跨比的增长，屈服位移增加明显，在 1.6～1.8 之间，增加程度减小，超过

1.8 时，屈服位移不再增加。剪跨比越大，采用竖向浆锚连接的带水平缝装配式剪力墙在地震荷载作用下的变形能力越好。

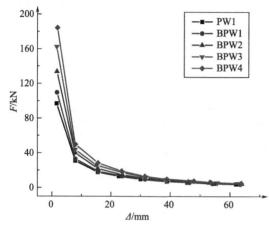

图 8.11　不同剪跨比构件刚度退化曲线

8.3.3　刚度退化曲线

改变剪跨比设计参数的带水平缝装配式剪力墙的刚度退化曲线如图 8.11 所示。剪跨比对钢筋采用竖向浆锚连接的带水平缝装配式剪力墙的初始刚度影响很大，BPW4 初始刚度是 BPW3 的 1.13 倍，BPW3 的初始刚度是 BPW2 的 1.21 倍，BPW2 的初始刚度是 BPW1 的 1.22 倍，BPW1 的初始刚度是 PW1 的 1.13 倍。随着剪跨比的增大，构件刚度退化曲线斜率有明显的降低，即构件刚度退化有明显的减慢趋势。当构件加载到最大位移之后，各构件的刚度逐渐接近，这表明剪跨比小的墙刚度退化明显较剪跨比大的墙快。

8.3.4　耗能能力

构件的耗能及能量耗散系数与位移关系如图 8.12 所示，表 8.12 列出各构件的总耗能、能量耗散系数与耗能相对值。

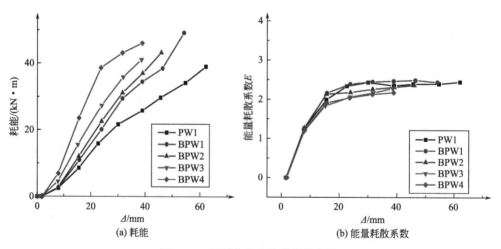

(a) 耗能　　　　　　　　(b) 能量耗散系数

图 8.12　不同剪跨比构件耗能曲线

预制装配式剪力墙结构连接关键技术

表 8.12　不同剪跨比构件耗能能力

构件编号	总耗能/(kN·m)	能量耗散系数 E	耗能相对值
PW1	177.29	2.44	1
BPW1	175.26	2.43	0.98
BPW2	148.70	2.36	0.83
BPW3	124.35	2.28	0.70
BPW4	138.54	2.17	0.78

剪跨比对钢筋采用竖向浆锚连接的带水平缝装配式剪力墙耗能能力影响较大，随着位移的增加，构件的能量耗散系数均有小速率的增长；随着剪跨比的增大，构件的耗能曲线持续增长，体现出中高剪力墙的持续耗能能力优于矮墙，在受到持续外荷载作用下，矮墙较高墙更容易破碎。

剪跨比小于 2 时，钢筋采用竖向浆锚连接的带水平缝装配式剪力墙的能量耗散系数随着剪跨比的增大而增大，耗能能力提高明显。

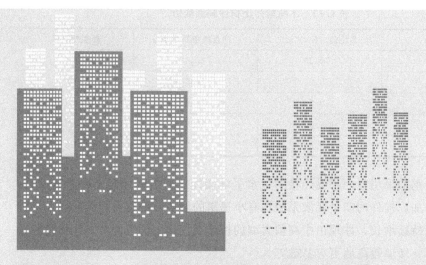

第9章　带竖向缝预制装配式剪力墙有限元参数分析

9.1　配箍率影响

为研究纵向钢筋配箍率对钢筋间接搭接的水平连接装配式剪力墙抗震性能的影响，优化墙身配箍，在原构件的基础上，设计了4片剪力墙。为方便区分，将初始带竖向缝装配式剪力墙以编号 PW2 表示，其余三片墙体编号分别为 CPW1、CPW2、CPW3。各构件除表 9.1 中的变化参数外，其他参数均与原试验件相同，构件配箍设计的具体参数如表 9.1 所示。

表 9.1　构件设计配箍参数

构件编号	墙体配箍	后浇混凝土配箍	墙身配箍率	后浇墙体配箍率
PW2	⏀8@200	⏀8@200	0.43%	0.74%
CPW1	⏀8@150	⏀8@150	0.57%	0.98%
CPW2	⏀8@100	⏀8@200	0.85%	0.74%
CPW3	⏀8@100	⏀8@100	0.85%	1.50%

9.1.1 滞回曲线与骨架曲线

构件 PW2、CPW1、CPW2、CPW3 的滞回曲线如图 9.1 所示。

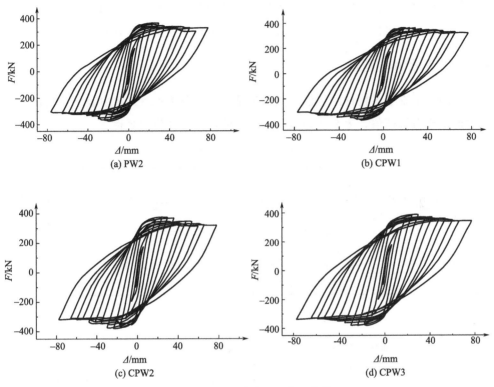

(a) PW2

(b) CPW1

(c) CPW2

(d) CPW3

图 9.1　不同配箍率下的滞回曲线

不同配箍率下各构件的滞回曲线形状基本相同，饱满程度相似。在开裂前，滞回曲线呈线性发展且构件卸载后残余变形可以忽略不计，构件处于弹性状态；构件屈服后，构件承载力开始提高，耗能能力逐步增强。此外，构件 CPW1 达到峰值荷载后的下降趋势最为缓慢，但各构件的极限承载力均未下降到峰值承载力的 85%，即各构件的承载能力均较好。

构件 PW2、CPW1、CPW2、CPW3 的骨架曲线如图 9.2 所示。

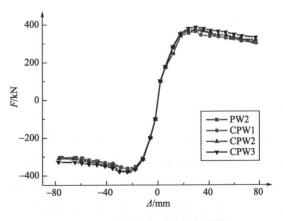

图 9.2　不同配箍率下的骨架曲线

第 9 章　带竖向缝预制装配式剪力墙有限元参数分析

不同配箍率下带竖向接缝装配式剪力墙的骨架曲线走势相同，都存在弹性、屈服、峰值，极限等几个阶段。构件开裂前，不同配箍率的构件骨架曲线相似度较高，墙体配箍率的改变对构件的初始刚度无影响。随着构件的开裂，构件进入弹塑性阶段，此时无论提高墙体配箍率还是提高后浇混凝土配箍率均可在不同程度上提高构件承载力。当构件达到峰值荷载时，不同配箍率的构件均存在明显的下降段。

9.1.2 承载力与延性

不同配箍率下各构件的数值模拟结果见表9.2与表9.3。其中表9.2列出了各构件的承载力特征值，表9.3列出了各构件的位移特征值与延性。

表9.2 各构件承载力特征值

构件编号	屈服荷载/kN			峰值荷载/kN			极限荷载/kN		
	正向	负向	均值	正向	负向	均值	正向	负向	均值
PW2	320.27	315.61	317.94	366.30	362.70	364.50	313.96	303.00	308.48
CPW1	315.34	320.73	318.04	366.45	366.76	366.61	309.53	309.48	309.51
CPW2	324.36	328.86	326.61	374.50	379.80	377.15	319.67	318.45	319.06
CPW3	332.74	329.22	330.98	386.09	380.85	383.47	327.78	316.84	322.31

表9.3 各构件位移特征值与延性

构件编号	屈服位移/mm			峰值位移/mm			极限位移/mm			构件延性
	正向	负向	均值	正向	负向	均值	正向	负向	均值	
PW2	16.65	12.75	14.70	29.30	29.74	29.52	74.30	75.56	74.93	5.10
CPW1	14.86	13.80	14.33	29.60	23.72	26.67	76.60	74.24	75.42	5.26
CPW2	15.53	13.61	14.57	29.07	29.81	29.44	75.40	74.07	74.74	5.13
CPW3	15.11	13.53	14.32	29.50	29.93	29.72	76.38	75.97	76.18	5.31

在表9.2不同配箍率下各构件的承载力特征值数据中，当墙体配箍率由0.43%升高到0.85%时，构件的屈服荷载提升了2.7%，峰值荷载提高了3.5%，极限荷载提高了3.4%；当后浇混凝土配箍率由0.74%提升到1.5%时，构件的屈服荷载提升了1.4%，峰值荷载提升了1.7%，极限荷载提升了1.1%；当同时改变墙体配箍率与后浇混凝土配箍率时，即墙体的配箍率从0.43%提升到0.85%的同时，后浇混凝土的配箍率从0.74%提升到1.5%，此时构件的屈服荷载提升了4.1%，峰值荷载提升了5.2%，极限荷载提升了4.5%。由以上数据分析可知，对钢筋间接搭接的带竖向缝装配式剪力墙来说，改变墙体配箍率对剪力墙承载力的影响较改变后浇混凝土配箍率对承载力的影响略大，但总体来说，后浇混凝土配箍

与预制墙身配箍率对剪力墙承载力的影响并不大。

后浇混凝土配箍率与墙身配箍率的改变对剪力墙的屈服位移无影响,对剪力墙的峰值位移与极限位移略有影响,但影响不大;剪力墙构件延性随着墙身或后浇混凝土配箍率的提高而提高,但提高幅度较小,构件 CPW1、CPW2、CPW3 分别较构件 PW2 的延性提高 3%、0.6%、4%。

9.1.3 刚度退化曲线

改变后浇混凝土配箍率或预制墙身配箍率设计参数的带竖向缝装配式剪力墙的刚度退化曲线如图 9.3 所示。各构件的刚度退化曲线趋势一致,相差极小。构件 PW2 的初始刚度略小,构件 CPW3 的初始刚度略高。后浇混凝土配箍率或预制墙身配箍率的改变对构件的刚度及试验过程中的刚度退化几乎无影响。

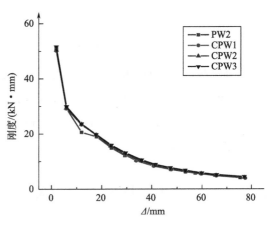

图 9.3 各构件刚度退化曲线对比

9.1.4 耗能能力

构件的耗能及能量耗散系数与位移关系如图 9.4 所示,表 9.4 列出各构件的总耗能、能量耗散系数与耗能相对值。

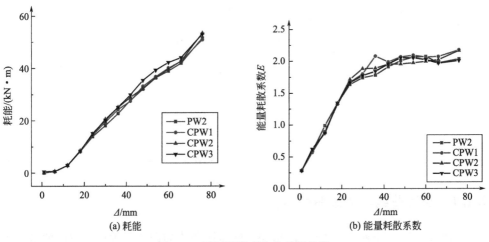

(a) 耗能

(b) 能量耗散系数

图 9.4 不同配箍率构件耗能曲线

表 9.4 不同配箍率构件耗能能力

构件编号	总耗能/(kN·m)	能量耗散系数 E	耗能相对值
PW2	295.17	2.23	1
CPW1	301.09	2.18	1.06
CPW2	306.26	2.16	1.05
CPW3	316.46	2.01	0.98

各构件在加载前期耗能能力均呈线性发展趋势且各构件的单圈耗能能力基本相同。各构件的总耗能数值相差不大，其中构件 CPW3 的总耗能最大；从能量耗散系数来看，构件 PW2 最大，构件 CPW3 最小，但所有构件的能量耗散系数均大于1，即耗能能力较好。

9.2 后浇部分配筋率影响

在对带竖向缝的装配式剪力墙进行拟静力试验时发现墙体竖向缝两侧预制墙体破坏较小，而后浇部分刚度较大的问题。本节以改变后浇混凝土配筋率的方式来改变后浇部分刚度，以后浇混凝土配筋率为参数对剪力墙进行抗震性能有限元分析。在原构件 PW2 的基础上，设计了 3 片剪力墙，编号分别为 NPW1、NPW2、NPW3，其中 NPW3 后浇部分采用素混凝土，各构件除表 9.5 中的变化参数外，其余参数与构件 PW2 相同，各构件具体参数如表 9.5 所示。

表 9.5 构件后浇混凝土设计配筋率参数

构件编号	边缘构件配筋	后浇混凝土配筋	后浇混凝土配筋率
PW2	6 ⏀ 12	8 ⏀ 12	0.95%
NPW1	6 ⏀ 12	6 ⏀ 12	0.87%
NPW2	6 ⏀ 12	4 ⏀ 12	0.48%
NPW3	6 ⏀ 12	—	—

9.2.1 滞回曲线与骨架曲线

构件 PW2、NPW1、NPW2、NPW3 的滞回曲线如图 9.5 所示。后浇混凝土采用不同配筋率下的各构件滞回曲线形态基本相同，滞回环饱满程度略有不同，后浇

预制装配式剪力墙结构连接关键技术

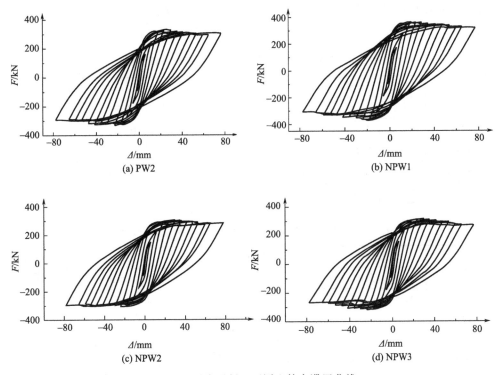

图 9.5　后浇混凝土不同配筋率滞回曲线

混凝土配筋率越高，滞回曲线越饱满，构件 NPW3 的峰值承载力最低。

构件 PW2、NPW1、NPW2、NPW3 的骨架曲线如图 9.6 所示。

各构件的骨架曲线形态与走势基本相同，正反两向相互对称。在弹性阶段，各构件的骨架曲线较为接近，初始刚度一致，无刚度退化现象。构件在塑性阶段，构件的峰值荷载随着混凝土配筋率的提高而提高。达到峰值荷载后，各构件承载力曲线均有明显的下降段。

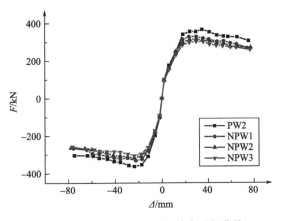

图 9.6　后浇混凝土不同配筋率骨架曲线

9.2.2　承载力与延性

不同后浇混凝土配筋率的带竖向缝装配式剪力墙的数值模拟见表 9.6 与表

9.7。其中表 9.6 列出了各构件的承载力特征值，表 9.7 列出了各构件的位移特征值与延性。

表 9.6　不同后浇混凝土配筋率构件承载力特征值

构件编号	屈服荷载/kN			峰值荷载/kN			极限荷载/kN		
	正向	负向	均值	正向	负向	均值	正向	负向	均值
PW2	320.27	315.61	317.94	366.30	362.70	364.50	313.96	303.00	308.48
NPW1	291.15	292.05	291.60	328.44	331.35	329.90	291.49	285.95	288.72
NPW2	270.13	277.00	273.57	316.87	316.36	316.62	270.84	263.43	267.14
NPW3	257.18	264.65	260.92	302.12	305.38	303.75	258.15	256.61	257.38

表 9.7　不同后浇混凝土配筋率构件位移特征值与延性

构件编号	屈服位移/mm			峰值位移/mm			极限位移/mm			构件延性
	正向	负向	均值	正向	负向	均值	正向	负向	均值	
PW2	16.65	12.75	14.70	29.30	29.74	29.52	74.30	75.56	74.93	5.10
NPW1	14.74	13.56	14.15	29.72	22.52	26.12	73.94	74.31	73.63	5.20
NPW2	14.48	14.23	14.36	29.82	23.88	26.85	72.15	72.83	72.49	5.05
NPW3	14.81	13.63	14.22	29.78	23.92	26.85	69.67	69.74	69.71	4.90

在表 9.6 不同后浇混凝土配筋率下各构件的承载力特征值数据中，钢筋采用间接搭接的带竖向缝装配式剪力墙的屈服荷载、峰值荷载与极限荷载均随着后浇混凝土配筋率的提高而提高，构件 NPW1 比构件 PW2 的屈服荷载降低了 9%、峰值荷载降低 10.5%、极限荷载降低了 6.8%，而当后浇带采用素混凝土时，构件 NPW3 比构件 PW1 的屈服荷载降低了 21.8%、峰值荷载降低了 20%、极限荷载降低了 19.9%。

在表 9.7 不同后浇混凝土配筋率下各构件的位移特征值与延性数据中，改变后浇混凝土配筋率对剪力墙的屈服位移与峰值位移几乎无影响，但对极限位移存在较为明显的影响，即钢筋采用间接搭接的装配式剪力墙后浇带对构件峰值荷载之前的受力过程影响不大，但对峰值荷载后期的受力过程存在较大影响；构件 NPW1 的延性系数最高较构件 PW2 提高 1.9%，构件 NPW2 与 NPW3 延性系数逐渐降低，即在一定范围内适当降低后浇混凝土配筋率可以提升剪力墙的延性，超出一定范围，构件的延性性能下降较快。

9.2.3　刚度退化曲线

改变后浇混凝土配筋率设计参数的带竖向缝装配式剪力墙的刚度退化曲线如图

9.7 所示。各构件的刚度退化曲线趋势基本一致，相互之间的差距较小，构件 NPW3 的初始刚度最小且刚度退化速度最快，构件 NPW1 与 NPW2 的初始刚度较构件 PW2 略小，退化速度略快于构件 PW2，即降低后浇混凝土配筋率会加快剪力墙的刚度退化，但各构件加载到最大位移时的刚度较为接近。

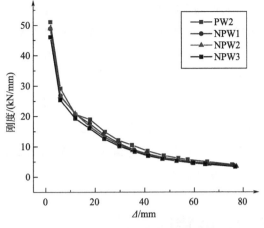

图 9.7　不同后浇混凝土配筋率刚度退化曲线

9.2.4　耗能能力

构件的耗能及能量耗散系数与位移关系如图 9.8 所示，表 9.8 列出各构件的总耗能、能量耗散系数与耗能相对值。

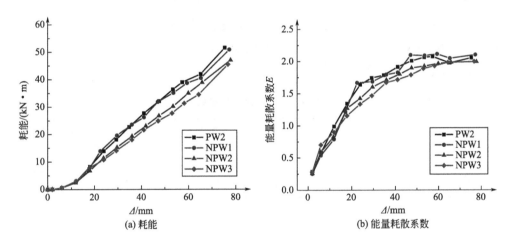

(a) 耗能　　　　　　　　　　(b) 能量耗散系数

图 9.8　不同后浇混凝土配筋率耗能曲线

表 9.8　不同后浇混凝土配筋率构件耗能能力

构件编号	总耗能/(kN·m)	能量耗散系数 E	耗能相对值
PW2	295.17	2.23	1
NPW1	283.61	2.10	0.96
NPW2	256.87	1.94	0.87
NPW3	239.90	1.89	0.81

各构件的耗能能力均呈线性发展趋势,其中构件 PW2 与 NPW1 的单圈耗能能力相近,水平位移超过 20mm 后,构件 PW2 与 NPW1 的单圈耗能能力明显高于构件 NPW2 与 NPW3;水平位移超过 42mm 后,构件 NPW2 的单圈耗能开始高于构件 NPW3,但差距较小。

各构件的总耗能有明显的差异,其中构件 PW2 的总耗能最大,构件 NPW1、NPW2、NPW3 分别是构件 PW2 的 96%、87%、81%,即随着后浇带混凝土配筋率的降低,构件的总耗能降低,当配筋率降到 0.48% 时,总耗能下降明显,但各构件的能量耗散系数均大于 1。

9.3　剪跨比影响

剪跨比是影响结构抗剪承载力与抗剪破坏形态的重要指标。改变剪力墙的剪跨比通常以改变墙体的高宽来实现,其中剪跨比小于 1 的为矮墙、大于 1 小于 2 的为中低墙、大于 2 小于 3 的为中高墙,本章针对中高剪力墙进行有限元分析。以构件 PW2 为原型(剪跨比为 2),通过改变墙体高度控制剪跨比,设计了 3 片剪力墙,编号分别为 HPW1、HPW2、HPW3,各构件除表 9.9 中的变化参数外,其余参数均与构件 PW2 相同,各构件具体参数如表 9.9 所示。

表 9.9　剪跨比设计参数

构件编号	墙宽/mm	墙厚/mm	墙高/mm	剪跨比	墙配筋率/%	后浇配筋率/%
HPW1	1400	200	1680	1.2	0.43	0.74
HPW2	1400	200	1960	1.4	0.43	0.74
HPW3	1400	200	2240	1.6	0.43	0.74
PW2	1400	200	2800	2.0	0.43	0.74

9.3.1　滞回曲线与骨架曲线

构件 HPW1、HPW2、HPW3、PW2 的滞回曲线如图 9.9 所示。

不同剪跨比下各构件的滞回曲线形态基本相同,但饱满程度有差异,滞回曲线的饱满程度随着剪跨比的增大而增大,即剪切变形在总变形中占比逐渐减弱。剪力墙达到峰值荷载后,承载力降低速度随着轴压比的增大逐渐减缓。

构件 HPW1、HPW2、HPW3、PW2 的骨架曲线如图 9.10 所示。

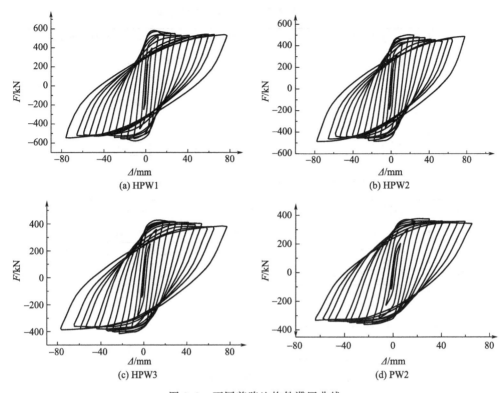

图 9.9 不同剪跨比构件滞回曲线

各构件的骨架曲线趋势无较大差异，且各构件正反向承载力基本对称。剪跨比对钢筋采用间接搭接的带竖向缝装配式剪力墙的初始刚度与承载力影响较大，随着剪跨比的增大，剪力墙的初始刚度、构件的峰值承载力均呈下降趋势，但峰值后承载力的下降速率随着剪跨比的增大而逐渐减缓，骨架曲线下降趋势逐渐平缓，剪力墙的变形能力随剪跨比的增大而有较大改善。

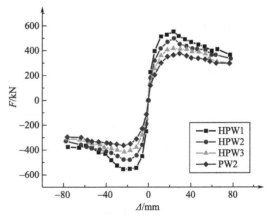

图 9.10 不同剪跨比带竖向缝装配式剪力墙骨架曲线

9.3.2 承载力与延性

不同剪跨比的带竖向缝装配式剪力墙的数值模拟见表 9.10 与表 9.11。其中表 9.10 列出了各构件的承载力特征值，表 9.11 列出了各构件的位移特征值与延性。

表 9.10　不同剪跨比构件承载力特征值

构件编号	屈服荷载/kN			峰值荷载/kN			极限荷载/kN		
	正向	负向	均值	正向	负向	均值	正向	负向	均值
PW2	320.27	315.61	317.94	366.30	362.70	364.50	313.96	303.00	308.48
HPW1	460.49	467.00	463.75	553.91	553.65	553.78	468.82	482.25	475.54
HPW2	421.04	390.50	405.77	498.68	478.46	488.57	412.28	412.51	412.40
HPW3	362.62	357.44	360.03	417.24	415.94	416.59	336.45	338.26	337.36

表 9.11　不同剪跨比构件位移特征值与延性

构件编号	屈服位移/mm			峰值位移/mm			极限位移/mm			构件延性
	正向	负向	均值	正向	负向	均值	正向	负向	均值	
PW2	16.65	12.75	14.70	29.30	29.74	29.52	74.30	75.56	74.93	5.10
HPW1	9.19	7.00	8.10	23.53	23.98	23.76	34.31	35.19	34.75	4.29
HPW2	12.08	8.00	10.04	24.93	25.91	25.42	46.05	46.05	46.05	4.58
HPW3	13.30	10.33	11.82	25.22	26.97	26.10	57.64	57.32	57.48	4.86

在表 9.10 不同剪跨比构件承载力特征值中，随着构件剪跨比的增大，构件的承载力特征值均明显降低，主要原因是混凝土的抗压能力远大于其抗拉能力，剪力墙的受力形态多为弯曲形态，墙体越矮，越类似于短柱，导致其承载力越大。构件 PW2 的屈服荷载比构件 HPW3 低 13.2%、构件 HPW3 的屈服荷载比构件 HPW2 低 12.7%、构件 HPW2 的屈服荷载比构件 HPW1 低 14.3%；构件 PW2 的峰值荷载比构件 HPW3 低 14.3%、构件 HPW3 的峰值荷载比构件 HPW2 低 17.3%、构件 HPW2 的峰值荷载比构件 HPW1 低 13.3%。

在表 9.11 不同剪跨比构件位移特征值与延性中，随着构件剪跨比的增大，构件的位移特征值均明显增大。构件 PW2 的屈服位移、峰值位移、极限位移较构件 HPW3 分别增大 24.4%、13.1%、30.3%，构件 HPW3 的屈服位移、峰值位移、极限位移较构件 HPW2 分别增大 17.7%、2.7%、24.8%，构件 HPW2 的屈服位移、峰值位移、极限位移较构件 HPW1 分别增大 23.4%、7%、32.5%，构件的极限位移增大较多，即随着剪跨比的增大，剪力墙承载力下降速度越慢。由构件延性数据可知，随着剪跨比的增大，采用钢筋间接搭接的带竖向缝装配式剪力墙的延性越好，变形能力越强。

9.3.3　刚度退化曲线

改变剪跨比设计参数的带竖向缝装配式剪力墙的刚度退化曲线如图 9.11 所示。

剪跨比对钢筋间接搭接的带竖向缝装配式剪力墙的初始刚度影响很大，构件HPW1的初始刚度是构件 HPW2 的 1.28 倍，构件 HPW2 的初始刚度是构件HPW3 的 1.16 倍，构件 HPW3 的初始刚度是构件 PW2 的 1.5 倍。随着剪跨比的增大，构件刚度退化曲线斜率开始减小，即刚度退化速率开始降低。当构件加载到最大位移之后，各构件的最终刚度逐渐接近，这表明在中低墙中，刚度退化速度随剪跨比的增大而减小。

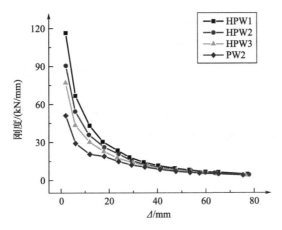

图 9.11　不同剪跨比构件刚度退化曲线

9.3.4　耗能能力

构件的耗能及能量耗散系数与位移关系如图 9.12 所示，表 9.12 列出各构件的总耗能、能量耗散系数与耗能相对值。

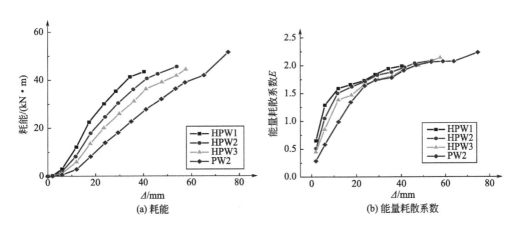

图 9.12　不同剪跨比构件耗能曲线

第 9 章　带竖向缝预制装配式剪力墙有限元参数分析

表 9.12　不同剪跨比构件耗能能力

构件编号	总耗能/(kN·m)	能量耗散系数 E	耗能相对值
PW2	295.17	2.23	1
HPW1	144.86	1.89	0.49
HPW2	202.72	2.08	0.69
HPW3	259.76	2.13	0.88

剪跨比对钢筋间接搭接的带竖向缝装配式剪力墙耗能能力影响很大，随着位移的增加，各构件的单圈耗能能力不断增加；随着剪跨比的增大，各构件在相同位移下的能量耗散系数有明显的下降，且耗能曲线持续增长，即在中高剪跨比前提下，剪跨比高的墙耗能持续能力强。

剪跨比小于 2 时，钢筋间接搭接的带竖向缝装配式剪力墙的能量耗散系数随着剪跨比的增大而增大，耗能能力明显提高。

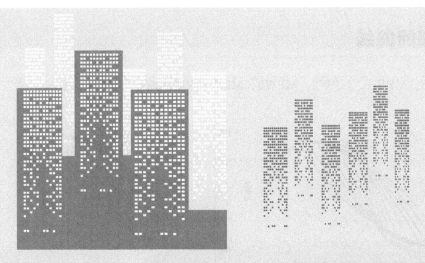

第 10 章　带水平与竖向缝预制装配式剪力墙有限元参数分析

10.1　概述

　　本章将结合第 9 章对带竖向缝预制装配式剪力墙构造的建议，即保持后浇带尺寸不变，将后浇带插筋降为 6$\underline{\Phi}$12，结合第 8 章对带水平缝预制装配式剪力墙构造的建议，将插筋搭接长度由 45d 降到 40d（其中 d 取 12mm 或 24mm），验证带竖向缝预制装配式剪力墙、带水平缝预制装配式剪力墙的优化构造措施是否适用于带双缝预制装配式剪力墙。以构件 PW3 为原模型，设计 4 片剪力墙构件模型，各构件的编号及具体设计参数如表 10.1 所示。

表 10.1　带水平与竖向缝预制装配式剪力墙参数变化

构件编号	墙体高度/mm	墙体宽度/mm	插筋搭接长度/mm	插筋直径/mm	后浇带配筋
PW3	2800	1400	45d	12	8$\underline{\Phi}$12
MPW1	2800	1400	40d	12	8$\underline{\Phi}$12
MPW2	2800	1400	45d	12	6$\underline{\Phi}$12
MPW3	2800	1400	45d	24	8$\underline{\Phi}$12
MPW4	2800	1400	40d	24	6$\underline{\Phi}$12

10.2 滞回曲线

构件 PW3、MPW1、MPW2、MPW3、MPW4 的滞回曲线如图 10.1 所示。

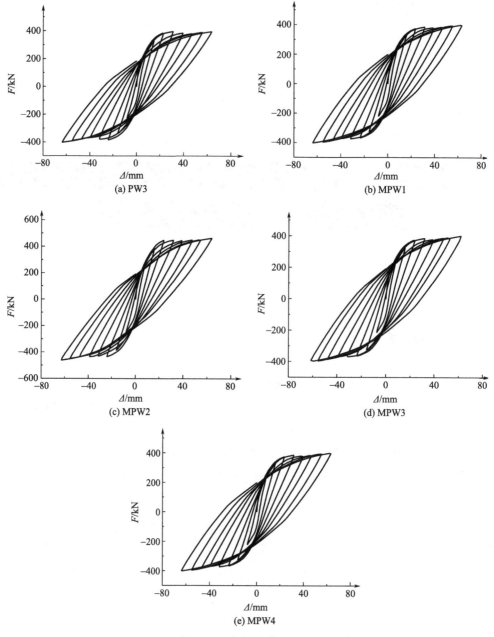

图 10.1 各构件滞回曲线

预制装配式剪力墙结构连接关键技术

构件 MPW3 与构件 MPW4 的滞回曲线相对较为饱满，耗能最好；构件 PW3、MPW1、MPW2 滞回曲线形态基本相似，峰值荷载后构件承载力下降趋势一致。插筋搭接长度由 45d 降到 40d 时或后浇带配筋由 8 ⨎ 12 降低到 6 ⨎ 12 时，构件滞回环所围面积几乎一样，当插筋直径由 12mm 增长到 24mm 时，滞回环所围面积有明显增长。

10.3 骨架曲线

各构件骨架曲线与原构件 PW3 骨架曲线对比图如图 10.2 所示。

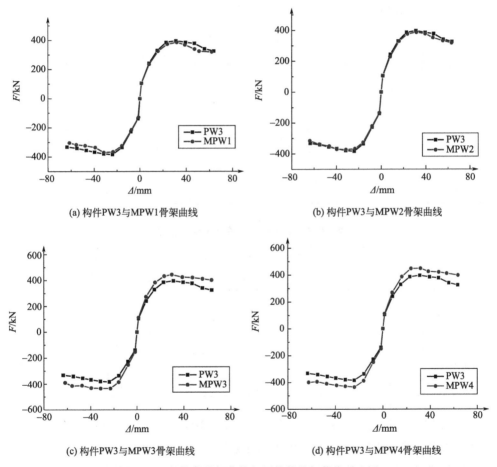

(a) 构件PW3与MPW1骨架曲线   (b) 构件PW3与MPW2骨架曲线

(c) 构件PW3与MPW3骨架曲线   (d) 构件PW3与MPW4骨架曲线

图 10.2 各构件骨架曲线与原构件骨架曲线对比图

构件 MPW1、MPW2 与原构件骨架曲线基本重合，构件的初始刚度、屈服荷载、峰值荷载、承载力下降趋势与速度均基本吻合，由此可知，剪力墙插筋长度由

$45d$ 降低到 $40d$ 或后浇带配筋由 8 ⏀ 12 降低到 6 ⏀ 12 时，对剪力墙构件的骨架曲线几乎无影响。

构件 MPW3、MPW4 与原构件相比，构件的峰值荷载有明显的增大，而峰值荷载后承载力的下降速度均有减缓，由此知，钢筋直径由 12mm 增大到 24mm 时，构件的承载力与延性均有明显提高。

10.4　承载力与延性

各构件的数值模拟见表 10.2 与表 10.3。其中表 10.2 列出了各构件的承载力特征值，表 10.3 列出了各构件的位移特征值与延性。

表 10.2　不同构件承载力特征值

构件编号	屈服荷载/kN			峰值荷载/kN			极限荷载/kN		
	正向	负向	均值	正向	负向	均值	正向	负向	均值
PW3	332.98	317.21	325.10	396.37	383.32	389.85	340.49	341.03	340.76
MPW1	330.97	326.62	328.79	384.62	379.77	382.20	338.35	322.99	330.67
MPW2	335.25	320.04	327.65	386.25	373.10	379.68	331.12	337.85	334.49
MPW3	378.75	370.91	374.83	444.10	435.06	439.58	402.27	390.24	396.26
MPW4	376.87	374.23	375.55	448.39	434.75	441.57	397.98	398.01	398.00

表 10.3　不同构件位移特征值与延性

构件编号	屈服位移/mm			峰值位移/mm			极限位移/mm			构件延性
	正向	负向	均值	正向	负向	均值	正向	负向	均值	
PW3	14.56	12.85	13.71	22.77	23.98	23.38	57.65	58.48	58.07	4.23
MPW1	14.78	13.14	13.96	23.73	23.51	23.62	59.93	58.46	59.20	4.24
MPW2	14.72	13.15	13.94	23.57	23.35	23.46	58.29	59.83	59.06	4.24
MPW3	13.91	13.37	13.64	29.89	31.50	30.70	64.55	63.85	64.20	4.72
MPW4	14.53	12.77	13.65	31.81	31.74	31.78	64.82	63.56	64.19	4.71

在表 10.2 不同构件承载力特征值中，构件 MPW1、MPW2 的屈服荷载、峰值荷载、极限荷载与构件 PW3 相比均无明显差异；构件 MPW3 的屈服荷载、峰值荷载、极限荷载分别比构件 PW3 高 15.3%、12.8%、16.3%，构件 MPW4 的屈服荷载、峰值荷载、极限荷载分别比构件 PW3 高 15.5%、13.3%、16.3%，增加插筋钢筋直径可直接较明显地增大钢筋采用竖向浆锚连接装配式剪力墙承载力。

在表 10.3 不同构件位移特征值与延性中，构件 MPW1、MPW2 的屈服位

预制装配式剪力墙结构连接关键技术

移、峰值位移、极限位移及延性与构件 PW3 相比无明显差异；构件 MPW3 与构件 PW3 相比，构件的屈服位移差异不大，峰值位移有较明显的增大，增大 30.9%，极限位移增大 10.6%，延性增大 11.6%；构件 MPW4 与构件 PW3 相比，构件的屈服位移无明显变化，峰值位移增大 35.9%，极限位移增大 10.5%，延性增大 11.3%。增加插筋直径可较明显的增大剪力墙构件的延性，对剪力墙的抗震有利，且结合构件 MPW3、MPW4 承载力特征值与位移特征值分析可间接知，适当降低插筋搭接长度、降低后浇带配筋率对剪力墙承载力与变形能力影响不大。

10.5 刚度退化曲线

各构件刚度退化曲线与原构件 PW3 刚度度退化曲线对比图如图 10.3 所示。

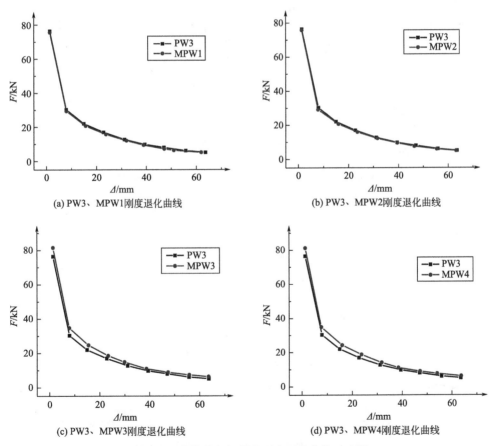

图 10.3 各构件与原构件刚度退化曲线对比图

第 10 章 带水平与竖向缝预制装配式剪力墙有限元参数分析

由图 10.3 对比分析可知：构件 MPW2、MPW3 与原构件 PW3 相比，刚度退化曲线基本重合；构件 MPW3、MPW4 的初始刚度略高于构件 PW3，但加载到极限位移时的刚度较为接近，即构件 MPW3、MPW4 的刚度退化略快于构件 PW3。总体来说插筋搭接长度降低到 40d、现浇配筋减少到 6 Φ 12 对剪力墙构件的刚度退化无影响；插筋直径增大到 24mm 时，构件的初始刚度略有增加，但同时刚度退化相比原构件略快。

10.6　耗能能力

各构件与原构件耗能曲线对比图如图 10.4～图 10.7 所示，表 10.4 列出各构件的总耗能、能量耗散系数与耗能相对值。

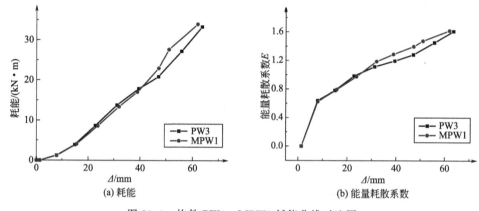

图 10.4　构件 PW3、MPW1 耗能曲线对比图

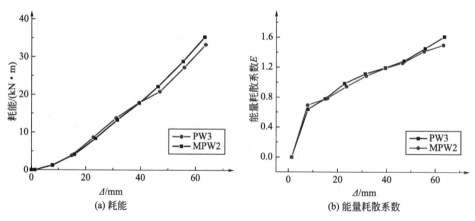

图 10.5　构件 PW3、MPW2 耗能曲线对比图

预制装配式剪力墙结构连接关键技术

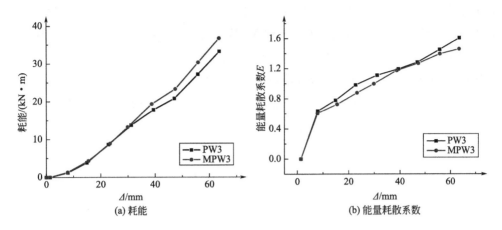

(a) 耗能 (b) 能量耗散系数

图 10.6　构件 PW3、MPW3 耗能曲线对比图

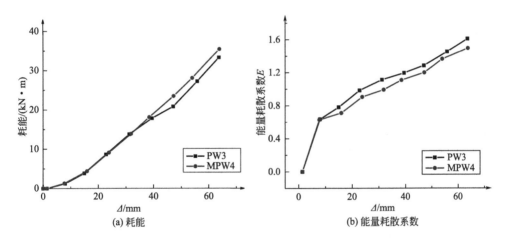

(a) 耗能 (b) 能量耗散系数

图 10.7　构件 PW3、MPW4 耗能曲线对比图

表 10.4　不同构件耗能能力值

构件编号	总耗能/(kN·m)	能量耗散系数 E	耗能相对值
PW3	126.22	1.61	1
MPW1	128.74	1.69	1.02
MPW2	130.88	1.55	1.04
MPW3	134.62	1.49	1.07
MPW4	133.76	1.51	1.06

　　在各构件耗能曲线对比图与表 10.4 不同构件耗能能力值中，构件 MPW1、MPW2 与原构件 PW3 相比，构件耗能能力发展趋势基本相同，且相同位移下各构

件的单圈耗能能力无较大差异，即插筋搭接长度降为 40d 或后浇带配筋减少到 6 $\oplus$ 12 对剪力墙的耗能性能影响不大；构件 MPW3 的总耗能略大于构件 PW3，但其能量耗散系数低于 PW3，即当插筋直径增加到 24mm 时，可能对剪力墙的耗能产生负影响；构件 MPW4 较构件 PW3 能量耗散系数有所降低，即当剪力墙采用插筋搭接长度 40d、后浇带配筋为 6 $\oplus$ 12、插筋直径为 24mm 时，构件的耗能性能较原构件有降低，但其能量耗散系数大于 1，耗能能力较好，满足要求。

参考文献

[1] 蒋勤俭.国内外装配式混凝土建筑发展综述.建筑技术，2010，41（12）：1074-1077.

[2] 樊骅，张中育.国内外混凝土预制件发展现状分析.混凝土世界，2013（02）：70-75.

[3] 罗毅.装配式建筑产业发展研究.科技中国，2018（09）：72-77.

[4] 卢求.德国装配式建筑发展研究.住宅产业，2016（06）：26-35.

[5] 王志成，约翰·格雷斯，约翰·凯·史密斯.美国装配式建筑产业发展趋势（上）.中国建筑金属结构，2017（09）：24-31.

[6] 王志成，约翰·格雷斯，约翰·凯·史密斯.美国装配式建筑产业发展趋势（下）.中国建筑金属结构，2017（10）：24-31.

[7] 张辛，刘国维，张庆阳.日本：装配式建筑标准化批量化多样化.建筑，2018（11）：52-53.

[8] Guidelines for the use of structural precast concrete in buildings. New Zealand National Society for Earthquake Engineering. Center for advanced engineering，1999.

[9] Park R. Seismic design and construction of precast concrete buildings in New Zealand. PCI journal，2002，47（5），60-75.

[10] 黄小坤，田春雨，万墨林，等.我国装配式混凝土结构的研究与实践.建筑科学，2018，34（09）：50-55.

[11] Yee A A. Social and Environmental Benefits of Precast Concrete Technology. PCI Journal，2001，Vol. 46（3）：14-19.

[12] Yee A A. Structural and Economic Benefits of Precast/Prestressed Concrete Construction. PCI Journal，2001，46（4）：34-42.

[13] 李卫民.关于装配式混凝土建筑结构的几点思考.低碳世界，2018（09）：170-171.

[14] 严薇，曹永红，李国荣.装配式结构体系的发展与建筑工业化.重庆建筑大学学报，2004（05）：131-136.

[15] 项萌.预制装配式剪力墙竖向接缝连接性能有限元分析.郑州：郑州大学，2014.

[16] 廖东峰.竖向钢筋不同连接方式的装配式钢筋混凝土剪力墙抗震性能.重庆：重庆大学，2016.

[17] 汤磊.预制装配混凝土剪力墙结构新型混合装配技术研究.南京：东南大学，2016.

[18] 孙长征，高强，赵唯坚，等.预制混凝土构件间钢筋连接技术的发展与应用.中国建筑金属结构，2013（22）：198-199.

[19] Splice-sleeve north America［EB/OL］. http://www. splicesleeve. com/history. html.

[20] 李晓明.装配式混凝土结构关键技术在国外的发展与应用.住宅产业，2011（6）：16-18.

[21] Muguruma H，Nishiyama M，Watanabe F. Lessons Learned from the KobeEarthquake-A Japanese Perspective. PCI Journal，1995，40（4）：28-42.

[22] Seved J A H，Ahmad B A. Analysis of spiral reinforcement in grouted pipe spfice connectars. GRADEVINAR，2013，65（6）：537-546.

[23] Alias A，Sapawi F，Kusbiantoro A. Performance of grouted splice sleeve connector under tensile load. Journal of Mechanical Engineering and Sciences 2014（7）：1094-1102.

[24] Hosseini S J A，Baharuddin A，Rahman A. Analysis of spiral reinforcement in grouted pipe splice connectors. gradevinar. 2013，65（6）：537-546.

[25] Koushfar K，Rahman A，Ahmad Y. Bond behavior of the reinforcement bar in glass fiber-reinforced polymer connector. Gradevinar：2014，66（4）：301-310.

[26] 钱冠龙.PC构件用水泥灌浆直螺纹钢筋接头.住宅产业，2011（06）：62-63.

[27] 郑永峰，郭正兴，孙志成.新型变形灌浆套筒连接接头性能实验研究.施工技术，2014，43（22）：40-44.

[28] 郭正兴，郑永峰，刘家彬.一种钢筋浆锚对接连接的灌浆变形钢管套筒.中国专利：ZL201320407071.4.2014.

[29] Soudki K A, Rizkalla S H. HoTizontal connection for precast concrete shear walls subjected to cyclic deformations partl：mild steel connections PC1 . lournah 1995（4）：78-96.

[30] Soudki K A, Kizkalla S H, DaikiW B. Horizontal connection for precast concrete shear walls subjected to cyclic deformations part2：prestressed connection. PCI Journal，1995（5）：82-96.

[31] 钱稼茹，彭媛媛，张景明，等.竖向钢筋套筒浆锚连接的预制剪力墙抗震性能试验.建筑结构，2011（2）：1-6.

[32] 陈康，张微敬，钱稼茹，等.钢筋直螺纹套筒浆锚连接的预制剪力墙抗震性能试验，第八届全国地震工程学术会议论文集Ⅱ.2010；594-596.

[33] 刘文清，姜洪斌，耿永常，等.插入式预留孔灌浆钢筋搭接连接构件.中国：专利号：ZL200820090150.6.2009-04-08.

[34] 姜洪斌，张海顺，刘文清，等.预制混凝土结构插入式预留孔灌浆钢筋锚固性能.哈尔滨工业大学学报，2011，43（04）：28-31，36.

[35] 姜洪斌，张海顺，刘文清，等.预制混凝土插入式预留孔灌浆钢筋搭接试验.哈尔滨工业大学学报，2011，43（10）：18-23.

[36] 赵培.约束浆锚钢筋搭接连接试验研究.哈尔滨：哈尔滨工业大学，2011.

[37] 倪英华.约束浆锚连接极限搭接长度试验研究.哈尔滨：哈尔滨工业大学，2014.

[38] 刘硕，胡翔，周鑫，等.直径10mm和14mm钢筋约束搭接连接力学性能试验研究.施工技术，2017，46（4）：13-17.

[39] 张家齐.预制混凝土剪力墙足尺子结构抗震性能试验研究.哈尔滨：哈尔滨工业大学，2010.

[40] 邰晓峰.预制混凝土剪力墙抗震性能试验及约束浆锚搭接极限研究.哈尔滨：哈尔滨工业大学，2012.

[41] 钱稼茹，彭媛媛，秦珩，等.竖向钢筋留洞浆锚间接搭接的预制剪力墙抗震性能试验.建筑结构，2011，41（02）：7-11.

[42] 朱张峰，郭正兴.预制装配式剪力墙结构节点抗震性能试验研究.土木工程学报，2012（1）：77-84.

[43] 陈锦石，郭正兴.全预制装配整体式剪力墙结构体系空间模型抗震性能研究.施工技术，2012，364（41）：87-89.

[44] 陈云钢，刘家彬，郭正兴，等.预制混凝土结构波纹管浆锚钢筋锚固性能试验研究.建筑技术，2014，45（01）：65-67.

[45] 尹齐，陈俊，彭黎，等.钢筋插入式预埋波纹管浆锚连接的锚固性能试验研究.工业建筑，2014，44（11）：104-107.

[46] 陈云钢，刘家彬，郭正兴，等.装配式剪力墙水平拼缝钢筋浆锚搭接抗震性能试验.哈尔滨工业大学学报，2014（11）：104-107.

[47] 刘家彬，陈云钢，郭正兴，等.装配式混凝土剪力墙水平拼缝U型闭合筋连接抗震性能试验研究.东南大学学报：自然科学版，2013，43（03）：565-570.

预制装配式剪力墙结构连接关键技术

[48] Soudki K A，Rizkalla S H，LeBlanc B. Horizontal Connections for Precast ConcreteShear Walls Subjected to Cyclic Deformations Part 1：Mild Steel Connections. PCI Journal 1995，40 (4)：78-96.

[49] Menegotto M. Structural Connections for Precast Concrete. Technical Council of Fib. Fib Bulletin，2008，43 (2)：34-37.

[50] Wilson J F，Callis E G. The Dynamics of Loosely Jointed Structures. International Journal of Non-Linear Mechanics，2004，39：503-514.

[51] Blakely R W G，Park R. Seismic Resistance of Prestressed Concrete Beam-Column Assemblies. Journal of the American Concrete Institute 1971 (68)：677-692.

[52] Perez F J，Pessiki S，Sause R. Seismic Design of Unbonded Post-Tensioned Precast Concrete Walls with Vertical Joint Connections . PCI Journal 2004，49 (1)：58-79.

[53] Henry R S，Aaleti S，Sritharan S，et al. Concept and Finite-Element Modeling of New Steel Shear Connections for Self-Centering Wall Systems. Journal of Engineering Mechanics，2010，136 (2)：220-229.

[54] Václav Vimmr Zahra Sharif，Khodaei. WALL SHOES AND FIELD OF APLICATION. Peikko，2009 (7)：18-22.

[55] Cholewickia A. Loadbearing Capacity and Deformability of Vertical Joints in Structural Walls of Large Panel Buildings. Building Science，1971，6 (4)：163-184.

[56] Chakrabarti S C，Nayak G C，Paul D K. Shear Characteristics of Cast-in-Place Vertical Joints in Story-High Precast Wall Assembly. ACI Structural Journal，1988，85 (1)：30-45.

[57] Bhatt P. Influence of Vertical Joints on The Behaviour of Precast Shear Walls. Building Science，1973，8 (3)：221-224.

[58] Pekau O A. Influence of Vertical Joints on The Earthquake Response of Precast Panel Walls. Building&Environment，1981，16 (2)：153-162.

[59] Crisafulli F J，Restrepo J I. Ductile Steel Connections for Seismic Resistant Precast Buildings. Journal of Earthquake Engineering，2003，7 (4)：541-553.

[60] Harris H G，Wang G J. Static and Dynamic Testing of Model Precast Concrete Shearwalls of Large Panel Buildings. ACI Special Publication，1982.

[61] Mochizuki S，Kobayashi T. Experiment on Slip Strength of Horizontal Joint of Precast Concrete Multi-Story Shear Walls. Journal of Structural&Construction Engineering，1996：63-73.

[62] Pekau O A，Cui Y. Progressive Collapse Simulation of Precast Panel Shear Walls during Earthquakes. Computers&Structures，2006，84 (5)：400-412.

[63] 宋国华，柳炳康，王东炜.装配式大板结构竖缝抗震性能试验研究.世界地震工程，2002 (01)：81-85.

[64] 王滋军，刘伟庆，魏威，等.钢筋混凝土水平拼接叠合剪力墙抗震性能试验研究.建筑结构学报，2012，33 (07)：147-155.

[65] 初明进，刘继良，崔会趁，等.不同构造竖缝的装配式空心模板剪力墙抗震性能试验研究.建筑结构学报，2014，35 (01)：93-102.

[66] 钱稼茹，杨新科，秦珩，等.竖向钢筋采用不同连接方法的预制钢筋混凝土剪力墙抗震性能试验.建筑结构学报，2011，32 (06)：51-59.

[67] 杨勇. 带竖向结合面预制混凝土剪力墙抗震性能试验研究. 哈尔滨：哈尔滨工业大学, 2011.

[68] 梁国俊. 工字形截面预制混凝土剪力墙抗震性能试验研究. 哈尔滨：哈尔滨工业大学, 2012.

[69] 胡玉学. 加强型水平拼接预制混凝土剪力墙抗震性能试验研究. 哈尔滨：哈尔滨工业大学, 2014.

[70] 中华人民共和国国家标准. 混凝土结构设计规范 (GB 50010—2010). 北京：中国建筑工业出版社, 2010.

[71] 中华人民共和国国家标准. 金属材料　拉伸试验第 1 部分：室温试验方法 (GB/T 228.1—2010). 北京：中国标准出版社, 2010.

[72] 中华人民共和国国家标准. 混凝土结构试验方法标准 (GB/T 50152—2012). 北京：中国建筑工业出版社, 2012.

[73] 谢慧才, 李庚英, 熊光晶. 新老混凝土界面粘结力形成机理. 硅酸盐通报, 2003, 22 (3)：7-10, 18.

[74] 郭进军, 王少波, 张雷顺, 等. 新老混凝土粘结的剪切性能试验研究. 建筑结构, 2002 (8)：43-45, 62.

[75] 王振领. 新老混凝土粘结理论与试验及在桥梁加固工程中的应用研究. 成都：西南交通大学, 2006.

[76] 叶果. 新老混凝土界面抗剪性能研究. 重庆：重庆大学, 2001.

[77] Lee J, Fenves G L. Plastic Damage Model for Cyclic Loading of Concrete Structures. Journal of Engineering Mechanics, 1998, 124 (8)：892-900.

[78] Lubliner J, Oliver J, Oller S, et al. A Plastic-Damage Model for Concrete. International Journal of Solids and Structures, 1989, 25 (3)：299-326.

[79] 中华人民共和国国家标准. 建筑抗震设计规范 (GB 50011—2010). 北京：中国建筑工业出版社, 2010.

[80] 中华人民共和国国家标准. 高层建筑混凝土结构技术规程 (JGJ 3—2010). 北京：中国建筑工业出版社, 2010.

[81] 中华人民共和国行业标准. 建筑抗震试验规程 (JGJ/T 101—2015). 北京：中国建筑工业出版社, 2015.

[82] FEMA273 NEHRP commentary on the guidelines for the rehabilitation of buildings [S]. Washington：Federal Emergency Management Agency, 1996.

[83] 过镇海. 混凝土的强度和本构关系. 北京：中国建筑工业出版社, 2004.

[84] 徐亚洲. 型钢混凝土弯矩-曲率滞回关系研究. 西安：西安建筑科技大学, 2005.